Dierck-Ekkehard Liebscher

Relativitätstheorie mit Zirkel und Lineal

Mit 95 Abbildungen und 2 Tabellen

2., durchgesehene und erweiterte Auflage

Akademie Verlag

Autor:

Prof. Dierck-Ekkehard Liebscher
Zentralinstitut für Astrophysik,
Potsdam-Babelsberg

1. Auflage 1977

Lektorat: Dipl.-Phys. Ursula Heilmann
Manuskriptbearbeitung: Heike Höpcke
Herstellerische Betreuung: Christian P. Biastoch

Die Deutsche Bibliothek - CIP-Einheitsaufnahme

Liebscher, Dierck-Ekkehard:
Relativitätstheorie mit Zirkel und Lineal : 2 Tabellen / Dierck-Ekkehard Liebscher. - 2., durchges. und erw. Aufl. - Berlin : Akademie-Verl., 1991
ISBN 3-05-501273-9

Erschienen in der Akademie Verlag GmbH, O-1086 Berlin (Federal Republic of Germany), Leipziger Str. 3–4
Gedruckt auf säurefreiem Papier

Satz, Druck und Bindung: Druckhaus „Thomas Müntzer“ GmbH, O-5820 Bad Langensalza
Umschlaggestaltung: Ralf Michaelis
Bestellnummer: 9315
Printed in the Federal Republic of Germany

Inhaltsverzeichnis

Geleitwort zur 1. Auflage

Die spezielle Relativitätstheorie Einsteins ist das Fundament der physikalischen Lehre von Raum, Zeit und Bewegung. Im Rahmen der speziellen Relativitätstheorie ist die Raum-Zeit-Union von Hermann Minkowski einführbar, in der die Einsteinsche Kinematik zu einer besonderen nichteuklidischen Trigonometrie wird. Die spezielle Relativitätstheorie erlaubt ganz allgemein, die physikalische Bewegungslehre auf elementare Weise als eine Raum-Zeit-Geometrie aufzufassen, als deren „Ausartung“ sich die Galilei-Newtonsche Kinematik der klassischen Mechanik erweist. Die synthetische Behandlung der nichteuklidischen Geometrien, die wir Felix Klein verdanken, ist daher auch ein natürlicher und damit elementarer Weg zur Einführung in die spezielle Relativitätstheorie. Klein hat auf diesen Zusammenhang wiederholt hingewiesen und eine synthetische elementargeometrische Darstellung von Einsteins spezieller Relativitätstheorie als propädeutisch und didaktisch besonders hilfreich und wünschenswert angeregt. Kleins Schriften enthalten die grundsätzlichen methodischen Hinweise hierfür.

Eine Ausführung dieses Programms, die Relativitätstheorie als Elementargeometrie allen mathematisch Interessierten zugänglich zu machen und dabei gleichzeitig die Physiker durch die schöne Einfachheit der Konstruktionen zu erfreuen, gab es meines Wissens aber bisher nicht. Es ist daher das in pädagogisches Neuland führende Verdienst des vorliegenden Büchleins von Prof. Dr. D.-E. Liebscher, im Geiste von Klein zu zeigen, daß und wie die Sätze der speziellen Relativitätstheorie elementargeometrisch mit Zirkel und Lineal herleitbar sind. Der Leser ist eingeladen, diese Konstruktionen selber auszuführen und sich so auf elementarem Wege in Einsteins Gedankenwelt einzuarbeiten.

Hans-Jürgen Treder

1. Einleitung

Die spezielle Relativitätstheorie übt einen besonderen Reiz auf den physikalisch Interessierten aus, weil der Bezug ihrer Aussagen auf die elementaren Vorstellungen von Raum, Zeit und Bewegung es nahelegt, mit einfachen Mitteln Konstruktionen und Schlüsse nachzuvollziehen. Jedoch treten oft Verständnisschwierigkeiten auf, deren Kern in dem ungewohnten Verhalten der Zeitkoordinate, in der einsteinschen Relativität der Gleichzeitigkeit liegt.

Zwei Ereignisse, die ein Beobachter als gleichzeitig feststellt, werden nur dann unter allen anderen Umständen ebenfalls als gleichzeitig beurteilt, wenn sie auch am gleichen Ort stattfinden. Andernfalls gibt es immer Umstände, unter denen diese Ereignisse als nicht gleichzeitig angesehen werden müssen. Diese Relativität der Gleichzeitigkeit ist der Schlüssel zur Auflösung aller kinematischen Paradoxa, die auftreten, wenn Aussagen der speziellen Relativitätstheorie ohne Vorsicht mit dem vom Schein der vorrelativistischen Raum-Zeit-Vorstellung geblendeten „gesunden Menschenverstand" betrachtet werden.

In vielen Fällen erreicht man mit der richtigen Zeichnung des zeitlichen Ablaufs eines Vorgangs dessen sichere Analyse. Dieses Buch soll als Anleitung zu Zeichnung und Auswertung der Situationen, in denen die spezielle Relativitätstheorie über den Ablauf entscheidet, verstanden werden. Es ist deshalb bemüht, die spezielle Relativitätstheorie als Geometrie zu veranschaulichen, damit ihre Beziehung zur euklidischen Geometrie und zur Geometrie der galileischen Raum-Zeit (der Raum-Zeit der newtonschen Mechanik) herzustellen und die einfachsten Formeln und Sätze aus der geometrischen Konstruktion herzuleiten. Dem Leser sei empfohlen, diese Konstruktionen selber nachzuvollziehen, wenn er die Methode üben möchte. Bei komplizierteren Zeichnungen ist dazu die Reihenfolge der einzelnen Operationen angegeben.

Grundlage des physikalischen Aufbaus einer Geometrie ist der Satz von der Erhaltung des Gesamtimpulses und der Gesamtmasse beim Stoß und beim Zerfall von Teilchen. Die Kenntnis dieses Satzes und der Begriffe Masse, Impuls, Geschwindigkeit und kinetische Energie, wie sie in der klassischen Mechanik benutzt werden, ist vorausgesetzt. Aus der Geometrie werden zunächst nur die Ähnlichkeitssätze und der Satz des Pythagoras benötigt. Es werden dann die Konstruktion des Inertialsystems und seine physikalische Unbestimmtheit (das Relativitätsprinzip) behandelt, die Phänomene der Wellenausbreitung in einem Medium und der Versuch von CHAMPENEY, ISAAK und KHAN zum Nachweis der Unabhängigkeit der Ausbreitung des Lichts von der Wahl des Inertialsystems demonstriert, das einsteinsche Additionstheorem der Geschwindigkeiten, die spezielle Lorentz-Transformation, die einsteinsche Zeitdilatation, die Längenkontraktion von Lorentz und Fitzgerald und der Doppler-Effekt konstruiert, eine Reihe kinematischer Paradoxa, darunter das Zwillingsparadoxon, geklärt und die relativistische Geschwindigkeitsabhängigkeit der scheinbaren trägen Masse, ihr Zusammenhang mit der Energie und einfache kinematische Auswahlregeln für Stöße und Zerfälle von Teilchen konstruiert. Wir bleiben entsprechend der Zeichenebene immer auf zwei Dimensionen beschränkt, auf die Zeit und eine räumliche Dimension. Es bleiben uns daher diejenigen Teile der relativistischen Kinematik verschlossen, die bei nur einer räumlichen Dimension nicht existieren, wie die Eigenschaften des Einstein-Lobatschewsky-Geschwindigkeitsraumes und die Thomas-Präzession.

Was hat Relativitätstheorie mit Geometrie zu tun? Wieso können wir mit Zirkel und Lineal etwas ausrichten? Die Eigenschaften der Objekte der euklidischen Geometrie der

Ebene bleiben unverändert, wenn sie nach den gewöhnlichen Vorstellungen starr in der Ebene gegen die Achsen eines cartesischen Bezugssystems bewegt werden. Die Eigenschaften der Objekte der projektiven Geometrie der Ebene bleiben bei denjenigen „Bewegungen“ erhalten, die aus Zentralprojektionen zusammengesetzt sind. Allgemein hat F. Klein in seinem berühmten Erlanger Programm festgestellt, daß geometrische Objekte durch die Unveränderlichkeit ihrer Eigenschaften bei allgemein und verschieden definierbaren Lageveränderungen charakterisiert sind. Dem entspricht die Form der einsteinschen wie der newtonschen Mechanik. Es geht um das Auffinden von physikalischen Größen und Gesetzen, die unabhängig von der Lage der Objekte in der Raum-Zeit sind. Hierbei werden die Bezugsobjekte durch Maßstäbe und Uhren gegeben, mit denen der Beobachter im Laboratorium die Objekte vergleicht (Bezugssysteme).

Die spezielle Relativitätstheorie Einsteins untersucht dabei nur einen besonderen wechselseitigen Zusammenhang der Bezugssysteme, der in der Kinematik nach Galilei und Newton auch existiert, aber eine andere Gestalt hat.

Zirkel und Lineal können wir zur Konstruktion heranziehen, solange – analytisch gesehen – nur quadratische Gleichungen zu lösen sind bzw. nur Größen auftreten, die außer rationalen Funktionen der Ausgangsgrößen nur Quadratwurzeln enthalten. Bei der Lösung dieser Aufgaben sind die Kreise durch Kegelschnitte gegebener Achsrichtung und Exzentrizität ersetzbar. (Die Bestimmung der Schnittpunkte zweier Kegelschnitte gleicher Hauptachsenlage und Exzentrizität ist immer eine quadratische Aufgabe, d. h., es existieren höchstens zwei reelle Schnittpunkte im Endlichen.) Wenn wir konstruieren, müssen wir in Kauf nehmen, daß wir nur einfache Zusammenhänge übersichtlich erschließen können, diese werden aber anschaulicher dargestellt, als es mit analytischen Methoden möglich ist.

Der wesentliche Unterschied der euklidischen Geometrie zur Geometrie in der Orts-Zeit-Ebene besteht darin, daß der Kreis als Grundfigur durch die Hyperbel mit unveränderlich gegebenen Asymptotenrichtungen abgelöst wird. Ersetzen wir also den gewöhnlichen Zirkel durch einen entsprechenden Hyperbelzirkel, können alle Konstruktionen der euklidischen Geometrie übernommen werden. Dies haben wir nicht explizit durchgeführt, es ist aber im Einzelfall durchaus einzusehen.

Das vorliegende Buch beschränkt sich auf die Erläuterung und Illustration des Zusammenhangs zwischen Relativitätstheorie und Geometrie der Ebene. Die Bekanntschaft mit den Grundgedanken der Relativitätstheorie wird nicht vorausgesetzt, sie werden aber hauptsächlich in ihrem Zusammenhang mit der Geometrie erläutert. Es sei deshalb hier auch auf das Buch von L. D. LANDAU und JU. B. RUMER und auf A. EINSTEINS eigene allgemeinverständliche Darstellung hingewiesen. Physikalisch und analytisch ausführlich ist das Buch von M. BORN, das auch in mehreren Nachauflagen vorliegt.

Physik und Geometrie sind hier in dem Maße vorausgesetzt, wie sie etwa bis zum Abschluß der 10. Klasse erlernt werden. Die benutzten Sätze der projektiven Geometrie sind im Anhang kurz zusammengestellt. Dem Leser, der eine geschlossenere Einführung in diesen so schönen und anregenden Bereich der Geometrie wünscht, seien die Bücher von W. BLASCHKE, K. DOEHLEMANN oder O.-H. KELLER empfohlen. Wer die Möglichkeiten der Darstellung nichteuklidischer Geometrien in projektiven Modellen genauer studieren möchte, sei auf F. KLEIN und F. SCHILLING verwiesen.

2. Fahrpläne

Aufgabe der Mechanik ist es, die Bewegung substantieller Körper zu beschreiben und zu analysieren. Das Grundmodell eines solchen Körpers ist der Massenpunkt. Damit ist nichts weiter gemeint, als daß die Lage des Körpers auf die Angabe des Ortes eines Punktes reduziert werden kann. Wegen des dritten Newtonschen Axioms ist dies der Schwerpunkt. Das Massenpunktmodell ist um so besser, je weniger die Bewegung des Schwerpunktes von der Bewegung der inneren Struktur beeinflußt wird.

Die einfachste Beschreibung der Bewegung ist ein Fahrplan: Er hält bestimmte Charakteristika der Zeitpunkte fest, zu denen der Körper an bestimmten Orten ist. Nehmen wir als Beispiel einen Zug von Berlin nach Kraków, der mit konstanter Geschwindigkeit fährt. Der Reisende besteigt ihn unmittelbar vor dem Frühstück, speist zu Mittag in Görlitz und ist zur Abendbrotzeit am Ziel. Sein Fahrplan hat vorerst die in Abbildung 1 angedeutete Gestalt. Wir bemerken, daß wir unter „Konstanz der Geschwindigkeit"

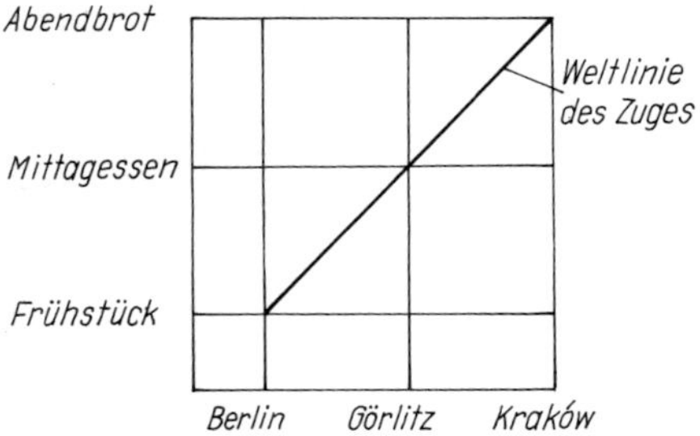

Abb. 1. Beispiel eines allgemeinen Fahrplans

zunächst, solange noch keine eigentliche Geschwindigkeitsmessung definiert ist, Konstanz der Bedingungen meinen können, unter denen etwa die Zugmaschine arbeitet.

Die Zeichenebene repräsentiert die Raum-Zeit, weil sie Zeit- und Raumkoordinaten gemeinsam darstellt. Einen Punkt in der Raum-Zeit nennen wir Ereignis, eine Kurve in der Raum-Zeit Weltlinie. Ein Ereignis hat neben den Raumkoordinaten immer noch die Zeitkoordinate. So einigt man sich bei einer Verabredung immer auf einen Ort und eine bestimmte Zeit, d. h. auf ein Ereignis. Die Kurve, die in der Raum-Zeit alle Ereignisse verbindet, zu denen derselbe Körper anzutreffen ist, stellt die Weltlinie dieses Körpers dar. Sie repräsentiert die Geschichte seiner Bewegung.

Die Weltlinie eines ruhenden Körpers ist eine Gerade parallel zur Zeitachse des Fahrplans. Bewegt sich der Körper, so bildet die Tangente an seine Weltlinie einen von Null verschiedenen Winkel α mit der Zeitachse (Abb. 2).

In unserem Fahrplan (Abb. 1) ist die Weltlinie des Zuges A eine Gerade. Das scheint direkt das Abbild der Konstanz seiner Geschwindigkeit zu sein. Dies ist aber nicht so. Wir

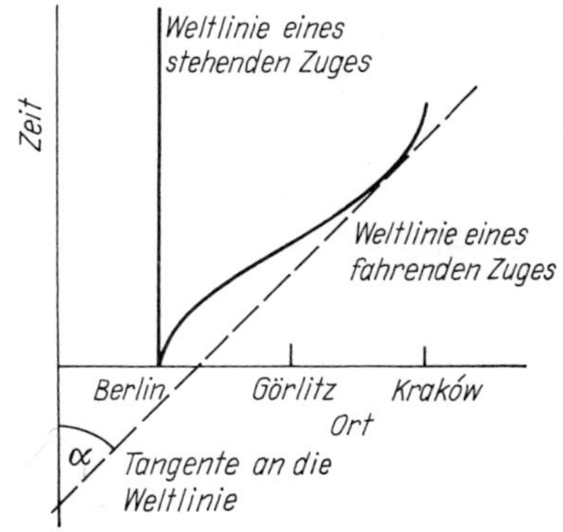

Abb. 2. Die Darstellung von Ruhe und Bewegung

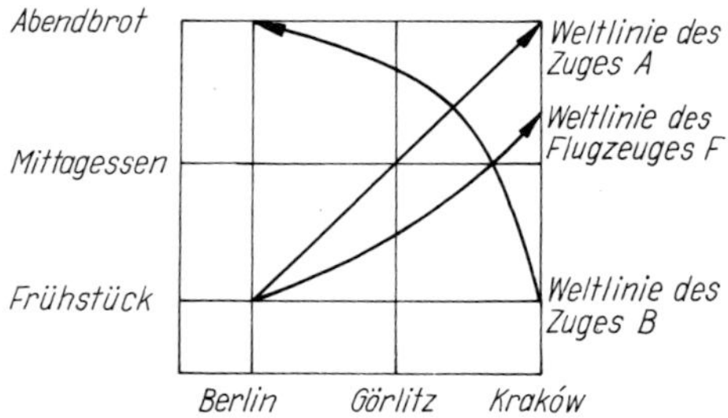

Abb. 3. Beispiel eines Fahrplans, in dem nicht alle gleichförmigen Bewegungen als Geraden erscheinen

haben die Koordinaten unpassend gewählt, da die Zeit zwischen Mittag und Abend etwa doppelt so lang wie die zwischen Frühstück und Mittag und die Entfernung zwischen Görlitz und Kraków etwa doppelt so groß wie die zwischen Berlin und Görlitz ist. Betrachten wir einen Gegenzug B, der mit der gleichen Geschwindigkeit fährt, so kann er zum Mittag Görlitz noch nicht erreichen, wenn er zum Frühstück in Kraków abfährt und die gleiche Geschwindigkeit wie der erste Zug entwickelt (Abb. 3). Die Weltlinie des Zuges B ist im ursprünglich gewählten Fahrplan keine Gerade. Auch die Weltlinie eines Flugzeuges F wäre keine Gerade. Das liegt daran, daß wir die Koordinaten gewählt haben, ohne die zu beschreibenden Bewegungen in Betracht zu ziehen, d. h., ohne die Zeitintervalle und Abstände zu vermessen. Wir können den Fahrplan so ändern, daß alle gleichförmigen Bewegungen durch gerade Weltlinien dargestellt werden (Abb. 4). Einen solchen Fahrplan wollen wir lineares Bezugssystem nennen. Die Einführung eines solchen Bezugssystems entspricht einer Messung der räumlichen und zeitlichen Abstände der bezeichneten Ereignisse. Wir stellen in unserem Beispiel fest, daß der zeitliche Abstand zwischen Mittag und Abend etwa doppelt so groß wie der zwischen Frühstück und Mittag ist und daß die Entfernung zwischen Görlitz und Kraków doppelt so groß

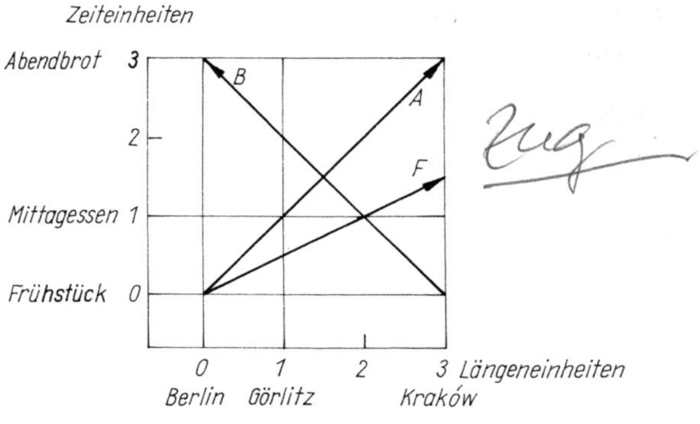

Abb. 4. Lineare Bezugssysteme.
Alle gleichförmigen Bewegungen erscheinen als Geraden. Der Fahrplan aus Abb. 3 ist „entzerrt".

wie die zwischen Berlin und Görlitz ist. Wir erhalten ein lineares Bezugssystem, wenn wir das in der Zeichnung berücksichtigen.

Bevor wir die Frage der Existenz eines linearen Bezugssystems eingehender untersuchen – dazu bedürfen wir einer genauen Definition des Begriffs „gleichförmige Bewegung", die nicht auf die Definition des linearen

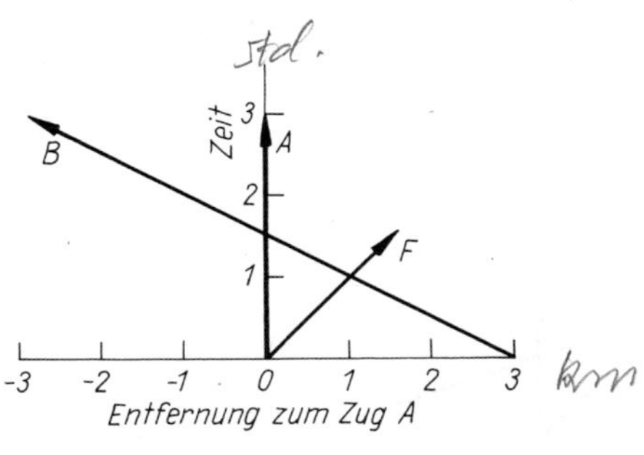

Abb. 5. Ein Fahrplan relativ zum Zug A.
Die Entfernungen werden nicht von einem festen Bahnhof gerechnet, sondern als Entfernungen vom Zug A.

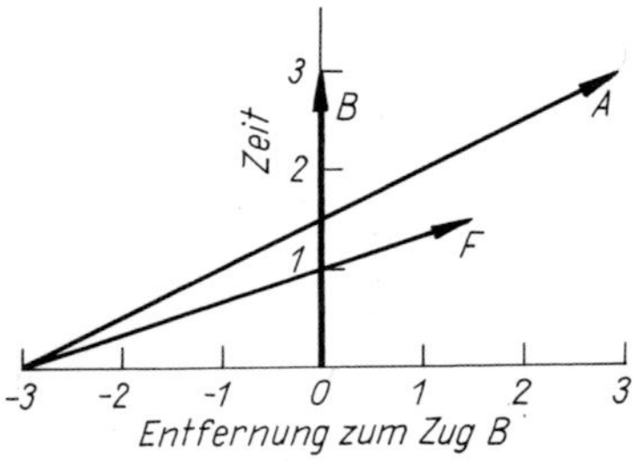

Abb. 6. Ein Fahrplan relativ zum Zug B

Bezugssystems vorgreift –, wollen wir seine Eindeutigkeit betrachten.

Ersichtlich erhalten wir wieder lineare Bezugssysteme, wenn wir nicht die Abstände zum Bezugsbahnhof aufzeichnen, sondern die Abstände zum Zug A (Abb. 5), zum Zug B (Abb. 6) oder zum Flugzeug F (Abb. 7).

Wir erhalten aber auch ein lineares Bezugssystem, wenn die Uhren längs der Strecke proportional zu ihrem Abstand vom Bezugsbahnhof verstellt sind (Abb. 8). Dieses auf den ersten Blick abenteuerliche Vorgehen ist durch die Angabe der Ortszeiten realisierbar und mit den Zonenzeiten auch in Gebrauch. Tragen wir in einem Fahrplan auf einer Ost-West-Strecke die Zonenzeiten auf, so gibt es Weltlinien normaler Objekte, die formal in die Vergangenheit laufen:

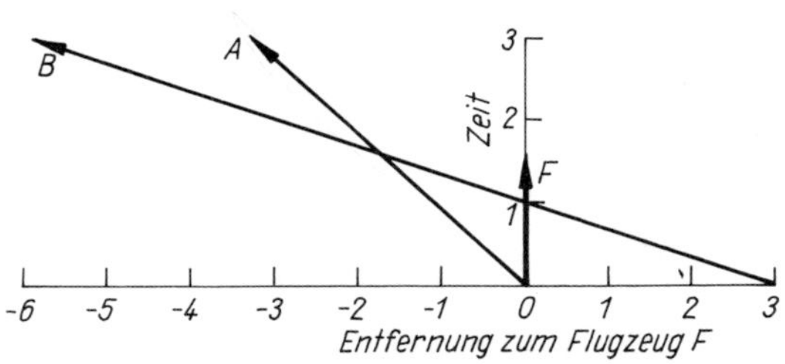

Abb. 7. Ein Fahrplan relativ zum Flugzeug F

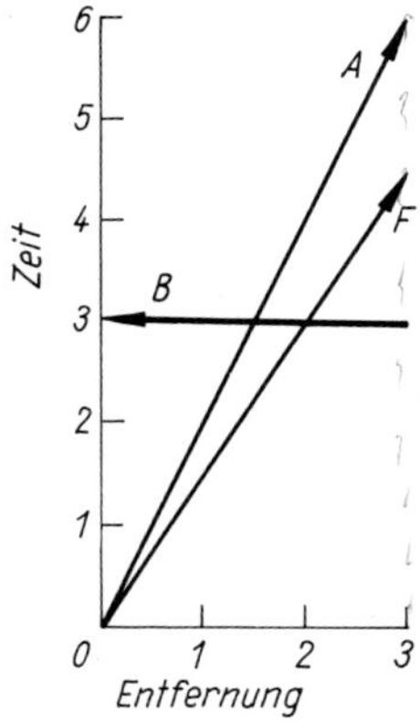

Abb. 8. Ein Fahrplan mit verstellten Uhren.
Die Bahnhofsuhren sind um soviel Zeiteinheiten vorgestellt, wie in Entfernungseinheiten die Entfernung von 0 angegeben ist. Damit sind die Uhren so gestellt, daß der Zug B überall zur gleichen Zeit eintrifft.

Man kann in Chabarowsk mit einem schnellen Flugzeug nach Sonnenaufgang starten und vor Sonnenaufgang in Moskau sein. Allerdings kann in der Gegenrichtung auch das schnellste Flugzeug die Distanz nicht vor Ablauf der Zonenzeitdifferenz absolvieren (Abb. 9).

Da das lineare Bezugssystem nur dadurch definiert ist, daß die Weltlinien bestimmter Objekte Geraden sind, so muß jede lineare (d. h. geradentreue) Abbildung eines linearen Bezugssystems wieder ein lineares Bezugssystem sein. Eine lineare Abbildung der Ebene in sich wird durch die Angabe dreier entsprechender Punktepaare vermittelt (Abb. 10). Bezeichnen wir die Koordinaten im Ausgangsfahrplan mit (x, t) und die im neuen Fahrplan mit $(\bar{x}, \bar{t})$, dann lautet die Umrechnung in die neuen Koordinaten

$$\begin{aligned} \bar{x} &= a_{10} + a_{11}x + a_{12}t\,, \\ \bar{t} &= a_{20} + a_{21}x + a_{22}t\,. \end{aligned} \tag{1}$$

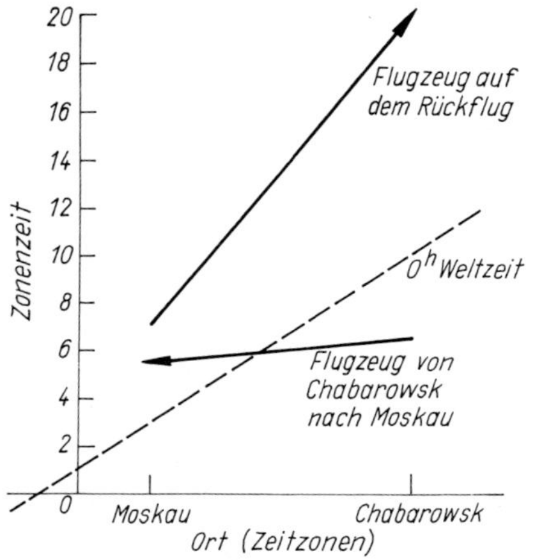

Abb. 9. Die Zonenzeiten im Fahrplan

Die Angabe der zu drei Ereignissen (gegeben durch x-t-Koordinaten) gehörenden sechs $\bar{x}$-$\bar{t}$-Koordinaten fixiert die sechs Werte a_{ik}. Zeichnend gewinnen wir alle linearen Bezugssysteme, indem wir alle möglichen geraden Achsen in ein lineares Bezugssystem hineinlegen (Abb. 11).

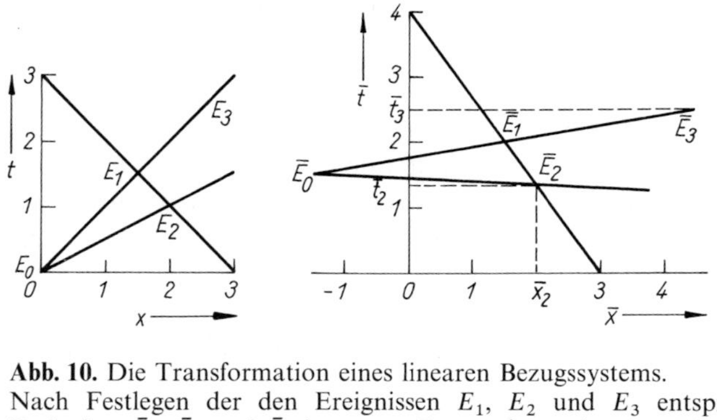

Abb. 10. Die Transformation eines linearen Bezugssystems.
Nach Festlegen der den Ereignissen E_1, E_2 und E_3 entsprechenden Ereignisse $\bar{E}_1$, $\bar{E}_2$ und $\bar{E}_3$ im neuen Bezugssystem können Figuren unter Beachtung aller Längenverhältnisse übertragen werden.

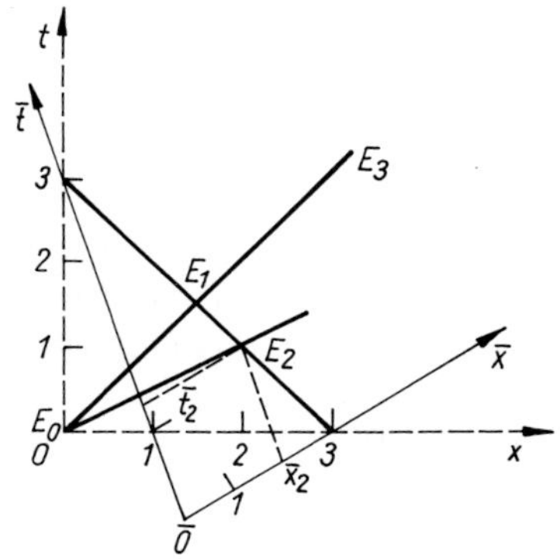

Abb. 11. Die Darstellung der Transformation durch Legen neuer Achsen. Wir lesen hier die neuen Koordinaten der Figuren nicht nach erfolgter Neuzeichnung wie in Abb. 10 ab, sondern durch Projektion der alten Figur auf die neuen Achsen.

Von den sechs Parametern a_{ik} der linearen Abbildung (1) wird im folgenden einer im Blickpunkt des Interesses stehen. Zunächst vermitteln die Parameter a_{10} und a_{20} nur eine Verschiebung des Bezugssystems, aber keine Änderungen der Strecken und Winkel. Werden sie gestrichen, so haben wir für ein bestimmtes Bezugsereignis die Koordinaten $x = 0$, $t = 0$ festgelegt. Die lineare Abbildung heißt nun homogen und lautet

$$\begin{aligned} \bar{x} &= a_{11}x + a_{12}t\,, \\ \bar{t} &= a_{21}x + a_{22}t\,. \end{aligned} \tag{2}$$

a_{11} legt die Beziehung zwischen den räumlichen Maßeinheiten, a_{22} die zwischen den zeitlichen Maßeinheiten der beiden linearen Bezugssysteme fest. a_{21} definiert, welche Ereignisse im neuen Bezugssystem als gleichzeitig angesehen werden (d. h. die gleiche Zeitkoordinate $\bar{t}$ bekommen), es legt in der dazugehörenden Zeichnung die Richtung der

$\bar{x}$-Achse fest. Der Quotient

$$v = -\frac{a_{12}}{a_{11}} \tag{3}$$

stellt die Geschwindigkeit dar, mit der sich ein im neuen Bezugssystem ruhendes Objekt (dessen Weltlinie parallel zur $\bar{t}$-Achse ist) im Ausgangsbezugssystem bewegt.

Wir versuchen nun, die in der Wahl der linearen Bezugssysteme liegende Freiheit einzuschränken, indem wir solchen Bezugssystemen den Vorzug geben, die zur Beschreibung der Bewegung der realen Körper besonders geeignet sind, die also auch die ungleichförmige Bewegung der Körper, wie sie bei Wechselwirkung auftritt, besonders einfach beschreiben. Es zeigt sich jedoch, daß diese Reduktion durch die Physik nicht vollständig gelingt. Es gibt eine ganze Klasse von linearen Bezugssystemen, die Inertialsysteme, die sich physikalisch nicht voreinander auszeichnen. Der physikalisch nicht reduzierbare Parameter der Transformation (2) ist die Relativgeschwindigkeit. Diese Feststellung heißt Relativitätsprinzip:

Geschwindigkeit, Orientierung, Bezugsort und Bezugszeitpunkt eines Inertialsystems lassen sich nicht ohne Bezug auf äußere Objekte durch Experimente feststellen.
Feststellbar sind allein Geschwindigkeit, Orientierung, Ort und Zeit im Inertialsystem, das heißt, sie sind relativ.

Das Relativitätsprinzip stellt fest, daß die Gesetze der Dynamik allein nicht ausreichen, eines der Inertialsysteme vor den anderen auszuzeichnen. Die Existenz materieller Bezugsobjekte dagegen kann ein Inertialsystem dadurch auszeichnen, daß die Bewegungsgesetze des betrachteten Vorgangs vorteilhaft auf dieses Bezugsobjekt zurückgreifen. Der wichtigste solche Fall ist die Wellenbewegung in einem

Substrat (Medium). Die Wellenbewegung – so wissen wir – ist nur die äußere Erscheinung einer inneren kollektiven Bewegung des Substrats. Solange nur die Wellenbewegung in Betracht gezogen wird, ist das Ruhsystem des Substrats (das Inertialsystem, in dem das Substrat im Mittel ruht) auf Grund der dort besonders einfachen Gesetze der Wellenbewegung (Isotropie der Ausbreitung) vor den anderen Inertialsystemen ausgezeichnet.

Allgemein ist das Ruhsystem des Schwerpunkts eines Teilchenschwarms für die Beschreibung der inneren Bewegung des Schwarms von besonderem Vorteil. Ein Beispiel hierfür ist die copernicanische Beschreibung des Planetensystems. Die Beschreibung der Gesamtbewegung, die das Bezugsobjekt einschließt, ist jedoch in keinem Fall in der Lage, ein Inertialsystem auszuzeichnen.

Das Relativitätsprinzip gilt wie in der speziellen Relativitätstheorie Einsteins auch in der newtonschen Mechanik. Es wird nur jeweils durch eine andere Auswahl der Inertialsysteme und der Übergänge zwischen ihnen dargestellt. Die Realisierung des Relativitätsprinzips in der newtonschen Mechanik erweist sich jedoch als ungeeignet zur Darstellung der Feldtheorie. Es war Einsteins Verdienst zu sehen, daß die von der Feldtheorie nahegelegte Auswahl der Inertialsysteme mit der Mechanik vereinbar ist, wenn diese eine Formulierung wählt, in der die absolute Gleichzeitigkeit nicht verwendet wird. Dies begründet die (heute speziell genannte) Relativitätstheorie. Die Änderungen der newtonschen Mechanik, die durch die spezielle Relativitätstheorie erzwungen werden, sind Gegenstand der folgenden Kapitel. Zuerst wird aber die Realisierung des Relativitätsprinzips in der newtonschen Mechanik dargestellt.

Tabelle 1. Vergleich von Fahrplan, linearem Bezugssystem und Inertialsystem

Fahrplan	Lineares Bezugssystem	Inertialsystem
	spezieller Fahrplan	spezielles lineares Bezugssystem
Allgemeine Charakterisierung der Ereignisse (der Zeiten und Orte)	Charakterisierung der Ereignisse durch Koordinaten. Gleichförmige Bewegungen erscheinen als Geraden	
	Gleichzeitigkeitsrelation und Maßeinheiten sind bei gegebenem Bewegungszustand des Bezugssystems nicht fixiert	Gleichzeitigkeitsrelation und Maßeinheiten werden durch die Dynamik relativ zum Bewegungszustand des Bezugssystems fixiert
	Allgemeine lineare Koordinatentransformationen erhalten die Bezugssystemeigenschaft. Sie haben in der Ebene 6 freie Parameter: 2 Translationen 1 Relativgeschwindigkeit 1 Gleichzeitigkeit 2 Maßeinheiten	Transformationen, die die Inertialsystemeigenschaft erhalten, sind durch die Dynamik eingeschränkt. Sie haben in der Ebene 3 freie Parameter 2 Translationen 1 Relativgeschwindigkeit

3. Inertialsysteme

Zwei Fragen sind offen geblieben: die nach der Existenz linearer Bezugssysteme, die mit der Definition der gleichförmigen Bewegung verknüpft ist, als auch die Frage der Reduzierbarkeit der linearen Bezugssysteme auf Inertialsysteme. Beide Fragen werden durch die Newtonschen Axiome der Mechanik beantwortet. Deren spezielle Formulierung impliziert jeweils auch die spezielle Realisierung des Relativitätsprinzips. In der newtonschen Mechanik entscheidet die Geschwindigkeitsunabhängigkeit der Masse die Form dieser Realisierung.

Das erste Newtonsche Axiom der Mechanik stellt fest, daß es eine Klasse spezieller Bewegungen – die kräftefreien Bewegungen – gibt, die in geeignet gewählten – in unserem Sinne linearen – Bezugssystemen geradlinig gleichförmig ablaufen. Das erste Newtonsche Axiom sichert die Existenz linearer Bezugssysteme und definiert die gleichförmige Bewegung als kräftefrei. Es gibt also eine physikalische Konstruktionsvorschrift an: Man beobachte die Bewegung von Massenpunkten, die weit entfernt oder abgeschirmt von allen Körpern sind, die eine Wirkung auf sie ausüben können, und konstruiere das Bezugssystem, indem man vier solcher Weltlinien als Geraden ansetzt. Im so bestimmten Bezugssystem sind dann alle Weltlinien kräftefrei bewegter Massenpunkte gerade Linien.

Es soll hier nicht genauer auf die Frage eingegangen werden, wie ein lineares Bezugssystem in der Praxis realisiert werden kann. Wir wollen den Erfolg des Konzepts als Grund akzeptieren, ihm zu vertrauen, und uns im folgenden der Reduktion auf Inertialsysteme zuwenden. Im vorhergehenden Kapitel wurde gezeigt, daß wir dazu der Definition von Zeiteinheit, Längeneinheit und Gleichzeitigkeit bedürfen. Wieder werden wir eine Diskussion technischer Lösungen umgehen und auf die Newtonschen Axiome zurückgreifen, die ja in jedem Fall auch den kompliziertesten Apparaten zugrunde liegen. Wir müssen dabei den Anwendungsbereich der Newtonschen Axiome auf die Stoßgesetze reduzieren. Andernfalls geraten wir in die Gefahr, bei der Konstruktion expliziter Kräfte und Wechselwirkungen über räumliche Entfernungen hinweg die Definition von Längen-, Zeit- und Gleichzeitigkeitsnormalen implizit zu unterstellen. Dann könnten wir diese Definitionen nicht mehr eindeutig auf die Axiome selbst gründen. Das ist aber unser Ziel. Bei der Behandlung von Stößen besteht diese Gefahr nicht, da jeder Stoß ein einzelnes Ereignis ist, das zumindest prinzipiell keine räumliche und zeitliche Ausdehnung hat.

Betrachten wir zunächst den total unelastischen Stoß zweier Körper. Beide bewegen sich vor dem Stoß kräftefrei. Nach dem Stoß hat sich ein Gesamtobjekt gebildet, das sich wieder kräftefrei bewegt. Es ist die Frage zu beantworten, welche Geschwindigkeit der beim total unelastischen Stoß entstehende Körper hat. Im Experiment zeigt sich, daß sich die Geschwindigkeiten, die die Teilkörper vor dem Stoß hatten, nicht addieren, sondern nach einem Gesetz mischen, das etwa der Regel für den Temperaturausgleich (Wichmannsche Mischungsregel) entspricht. Diese Mischungsregel der Geschwindigkeiten v heißt Impulssatz, dabei entsprechen der spezifischen Wärme in der Wichmannschen Mischungsregel die träge Masse M und der Wärmemenge der Impuls $P = Mv$:

$$\begin{aligned} Mv &= m_1 v_1 + m_2 v_2 , \\ M &= m_1 + m_2 . \end{aligned} \tag{4}$$

Wir können uns vorstellen, daß wir – bis auf einen konstanten Faktor – die Massen aller Objekte in einem gegebenen Bezugssystem so ermitteln können. Den Faktor legen wir durch die Definition eines Massennormals fest (etwa: Masse eines C^{12}-Atoms in Ruhe $= 1{,}993 \cdot 10^{-26}$ kg).

Wir fassen m und mv als Zeit- und Ortskoordinate eines Vektors auf. Wir wollen dabei unter einem Vektor eine gerichtete Strecke verstehen, deren Koordinaten durch Parallelprojektion auf die Achsen des jeweiligen Bezugssystems festgestellt werden. Dann können wir den Impulssatz als Parallelogramm zeichnen (Abb. 12). Im x-t-Diagramm zeichnen wir die Parallele g_1 zur Achse g_0 durch den Einheitspunkt auf der t-Achse. Die Differenz der x-Koordinaten der Schnittpunkte der Weltlinie eines gleichförmig bewegten Objekts mit g_0 und g_1 ist dann die Geschwin-

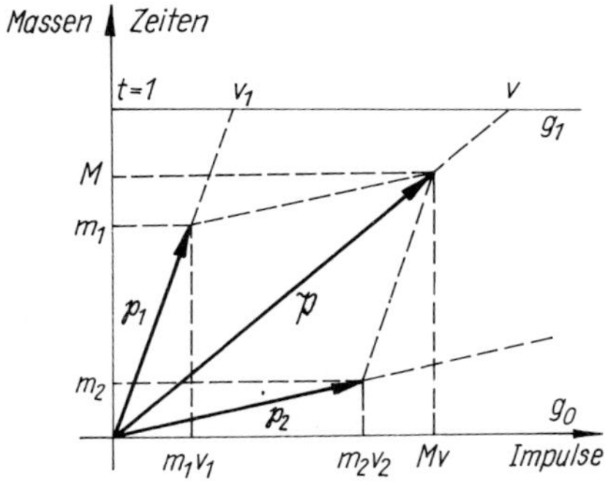

Abb. 12. Das Parallelogramm der Impulse.
Der Zusammenhang zwischen Impulsvektor und Weltlinie des Teilchens vermittelt einen Zusammenhang zwischen Impuls-Masse-Diagramm und Raum-Zeit-Diagramm. Die Tatsache, daß der Impulserhaltungssatz in allen Bezugssystemen gilt, beschreiben wir am bequemsten dadurch, daß das Netz der Impulsvektoren einmal festgelegt wird und Koordinatentransformationen nach dem Verfahren von Abbildung 11 dargestellt werden. Der Impulsvektor ist proportional einem Geschwindigkeitsvektor, und dieser wird aus Koordinatenänderungen in der Raum-Zeit konstruiert. Deshalb können Aussagen über die Impulsvektoren in Aussagen über die Bezugssysteme und die Koordinaten der Ereignisse umgeformt werden. Speziell liegen die Linien konstanter Masse, d. h. konstanter Zeitkomponente des Impulses, parallel zu den Linien konstanter Zeitkoordinate.

digkeit v des Objekts. Tragen wir die Masse auf der t-Achse ab und suchen den Punkt P_2 auf der Weltlinie, der diese Zeitkoordinate hat, dann liefert dessen Koordinate x_2 den Impuls $p = x_2 - x_0$. Wir schreiben für den Impuls nunmehr

$$\boldsymbol{p} = (mv, m)\,, \tag{5}$$

wobei die zweite Komponente die Masse ist. Für alle Zahlenpaare analog (5) werden wir halbfette Buchstaben verwenden. Die Zahlenpaare repräsentieren den Vektor, dessen Komponenten hier zusammengefaßt sind. Wir müssen beachten, daß die Rechenregeln für gewöhnliche Vektoren des dreidimensionalen Raums (Kreuzprodukt, Skalarprodukt) nicht anwendbar bzw. noch nicht definiert sind, und benutzen deshalb nicht die für jene übliche Schreibweise. Die Diagonale des Parallelogramms aus $\boldsymbol{p}_1$ und $\boldsymbol{p}_2$ liefert mit $\boldsymbol{P}$ die Weltlinie des Objekts nach dem total unelastischen Stoß und seine Geschwindigkeit über die Schnittpunkte dieser Diagonalen mit g_0 und g_1.

So wie die spezifischen Wärmen temperaturabhängig sind, können wir nicht ausschließen, daß die Massen geschwindigkeitsabhängig sind. Wir messen die Geschwindigkeitsabhängigkeit im Prinzip über den Impulssatz selbst und stellen zunächst fest, daß die Geschwindigkeitsabhängigkeit für alle Massen dieselbe ist (im Gegensatz zur Temperaturabhängigkeit der spezifischen Wärmen). Nehmen wir nun ein Massennormal und zeichnen die Endpunkte der Impulsvektoren für alle möglichen Geschwindigkeiten dieses Objekts. Es ergibt sich eine Kurve der x-t-Ebene (Abb. 13).

Für ein anderes Objekt erhielten wir nur eine Kurve, die dieser Kurve geometrisch ähnlich ist. Wir merken hier an, daß nicht jede Kurve $m = m(v)$ mit einem Relativitätsprinzip vereinbar wäre. In Abschnitt 6 werden wir aus der Gültigkeit des Relativitätsprinzips und seiner speziellen Realisierung auf die Geschwindigkeitsabhängigkeit der Masse schließen,

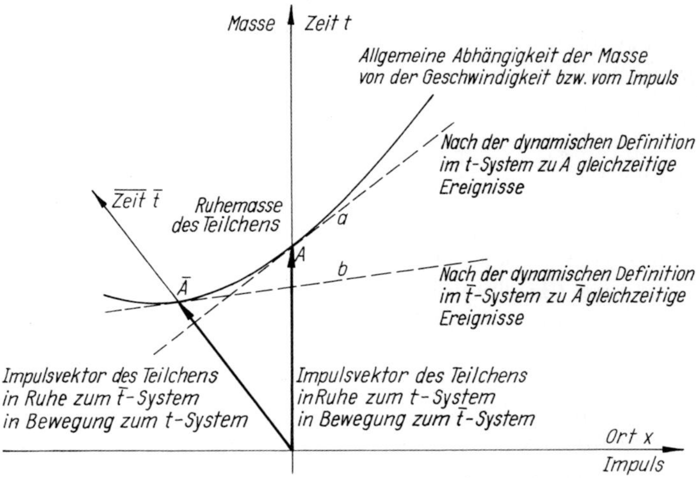

Abb. 13. Die dynamische Definition der Gleichzeitigkeit.
In einem gegebenen linearen Bezugssystem x-t zeichnen wir die Ortskurve der möglichen Impulsvektoren eines gegebenen Teilchens. Deren Schnittpunkt A mit der t-Achse markiert die Ruhmasse des Teilchens im x-t-System. Wählen wir eine neue x-Achse parallel zur Tangente a an die Ortskurve im Punkte A, d. h., wählen wir eine neue Gleichzeitigkeitsdefinition, in der a den geometrischen Ort der zu A gleichzeitigen Ereignisse darstellt, so wird die Masse für kleine Geschwindigkeiten näherungsweise geschwindigkeitsunabhängig. Diese Definition der Gleichzeitigkeit nennen wir die dynamische Definition.

deren experimentelle Nachprüfung diese Form des Relativitätsprinzips stützt.

Mit der Kurve $m = m(v)$ können wir nun eine dynamische Gleichzeitigkeit definieren: Wir fordern, daß die x-Achse parallel der Tangente an diese Kurve im Einheitspunkt der Zeitachse liegt. Weil sich die Geschwindigkeitsabhängigkeit der Massen nicht auf ein bestimmtes Objekt bezieht, kann man auf diese Weise eine der im linearen Bezugssystem möglichen Gleichzeitigkeitsdefinitionen auszeichnen. Diese Gleichzeitigkeitsdefinition belegen wir mit der Bezeichnung „dynamische Gleichzeitigkeit“. Akzeptieren wir sie, so werden alle Massen bei genügend kleinen Geschwindigkeiten in erster Näherung konstant. Praktisch heißt dieses Vorgehen: Zwei Ereignisse werden gleichzeitig genannt, wenn sich aus zwei gleichen Massen, die zu diesen Ereignissen starten und einander genau in der Mitte zwischen den beiden Ereignissen ideal unelastisch stoßen, ein Stoßprodukt bildet, das im gegebenen Bezugssystem ruht.

Betrachten wir nun wieder das Verhältnis zweier Bezugssysteme zueinander (Abb. 14). Die numerischen Werte von Masse und Geschwindigkeit und der Verlauf der Kurve $m = m(v)$ hängen ersichtlich vom gewählten Bezugssystem ab. Wir erhalten sie, indem wir die den Impulsvektor darstellende Strecke im jeweiligen Bezugssystem ausmessen. Die den Impulsvektoren entsprechenden Strecken werden dabei festgehalten, weil die durch die Stoßprozesse erfolgende Zuordnung (4) der verschiedenen Impulse zueinander unverändert bleibt. Wir sehen nun, daß die dynamische Gleichzeitigkeitsdefinition in den verschiedenen Bezugssystemen vom Verlauf der Geschwindigkeitsabhängigkeit der trägen Masse bestimmt wird. Hängt jedoch die Masse m eines Objekts linear von mv ab, dann ist die dyna-

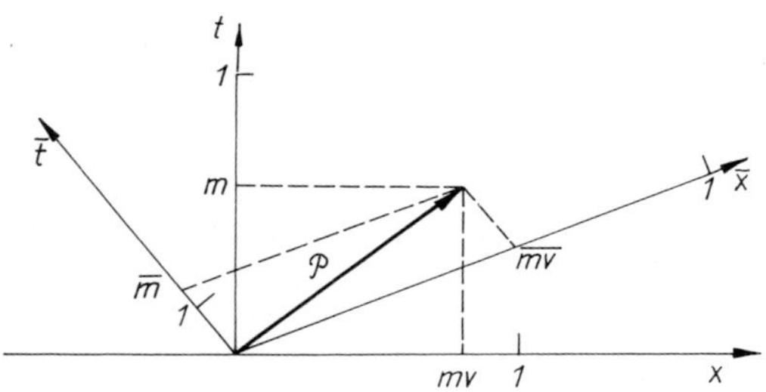

Abb. 14. Zur Abhängigkeit der Masse vom linearen Bezugssystem. Die verschiedenen Bezugssysteme werden entsprechend Abb. 11 durch verschiedene Achsen dargestellt. Das Netz der Impulsvektoren wird festgehalten. Die Koordinaten des Impulsvektors im x-t-System sind mv und m.

mische Gleichzeitigkeit zweier Ereignisse unabhängig vom gewählten Bezugssystem.

Wählen wir die Zeitkoordinate in jedem Bezugssystem so, daß sie die dynamische Gleichzeitigkeit beschreibt (d. h., daß die x-Achse parallel zu der nunmehr geraden Ortskurve der Impulsvektoren eines gegebenen Objekts liegt), so werden die Massen geschwindigkeitsunabhängig. Was sagt das Experiment? Es zeigt sich, daß die Massen im Bereich der für makroskopische Objekte technisch erreichbaren Geschwindigkeiten ($v \lesssim 30$ km/s) mindestens bis auf $1:10^8$ geschwindigkeitsunabhängig sind, wenn die dynamische Gleichzeitigkeit akzeptiert wird. Erst bei höheren Geschwindigkeiten und feineren Experimenten wird die Abhängigkeit der Masse von der Geschwindigkeit spürbar.

Sind die Massen in einem Bezugssystem geschwindigkeitsunabhängig, so können wir fordern, daß sie in jedem benutzten Bezugssystem – und im folgenden verwenden wir nur noch Inertialsysteme – geschwindigkeitsunabhängig sind. Dann ziehen wir genau diejenigen Bezugssysteme in Betracht, die mit derselben Gleichzeitigkeitsdefinition arbeiten wie das Ausgangsbezugssystem. Die Zeiteinheit kann dann in allen Inertialsystemen durch die Zeiteinheit in jenem festgelegt werden. Weil damit die Frage der Gleichzeitigkeit zweier Ereignisse unabhängig vom Inertialsystem beantwortet wird, kann auch die Längenmessung vereinheitlicht werden. Mit den Maßstäben, die im Ausgangssystem ruhen, kann in allen anderen Inertialsystemen gemessen werden. Anlegen eines Maßstabs heißt ja gleichzeitiges Ablesen an den beiden Endpunkten des Objekts. Dieser Ablesemechanismus ist unabhängig von der Bewegung des Maßstabs, wenn die Definition der Gleichzeitigkeit unabhängig von dieser Bewegung ist.

Fassen wir zusammen. Der Impulssatz und die Geschwindigkeitsunabhängigkeit der Masse können nur in speziellen Bezugssystemen gelten. Diese erkennen wir als die gesuchten

Inertialsysteme, da Zeitmaßstab, Längenmaßstab und Gleichzeitigkeit zwischen diesen Bezugssystemen relativ fixiert sind. Die Transformation (2) reduziert sich auf

$$\begin{aligned} \bar{x} &= x + a_{12}t\,, \\ \bar{t} &= t\,, \\ v &= -a_{12}\,. \end{aligned} \tag{6}$$

Das sind die speziellen Galilei-Transformationen (Abb. 15).

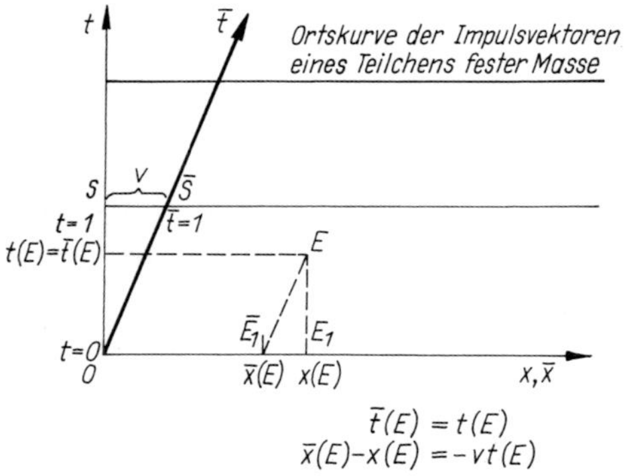

Abb. 15. Die spezielle Galilei-Transformation.
Die Geschwindigkeitsunabhängigkeit der Masse impliziert, daß der geometrische Ort dynamisch gleichzeitiger Ereignisse unabhängig von der Lage der Koordinatenachsen ist. In den Inertialsystemen liegen die x-Achsen deshalb alle in gleicher Richtung, weil sie mit einem solchen geometrischen Ort zusammenfallen sollen. Zwei Inertialsysteme unterscheiden sich nur durch die Lage der t-Achsen. Für ein beliebiges Ereignis E gilt $\bar{t}(E) = t(E)$. Wegen der Ähnlichkeit der Dreiecke $\triangle\, OS\bar{S}$ und $\triangle\, EE_1\bar{E}_1$ gilt $x(E) - \bar{x}(E) = vt(E)$.

Wir hätten die Frage auch anders formulieren können: Gibt es außer dem Laborsystem noch andere Bezugssysteme, in denen der im Labor festgestellte Impulssatz mit den im Labor festgestellten Zahlenverhältnissen der Massen und der Impulsdifferenzen generell gelten kann? Die Antwort wäre die gleiche: Diese Gesetze gelten in einer Klasse sogenannter Inertialsysteme, die (bei geschwindigkeitsunabhängigen Massen) über Galilei-Transformationen auseinander hervorgehen.

Der Impulssatz hat in allen Inertialsystemen die gleiche Form. Es gibt kein spezielles Inertialsystem Σ_0, das irgendeine besondere Eigenschaft hat, die unabhängig von den sich bewegenden Teilchen ist, sich aber dennoch in den Gesetzen dieser Bewegung äußert: Es gibt kein Inertialsystem, das als absolut ruhend begründet werden kann. Es gibt kein Verfahren, das in einem anderen Inertialsystem Σ gestattet, aus der Beobachtung der Stoßgesetze auf die Geschwindigkeit von Σ gegen das hypothetische absolute Ruhsystem Σ_0 zu schließen. Weil aber in der klassischen Mechanik alle Bewegung aus der Bewegung von Massenpunktsystemen konstruiert werden kann und weil alle Kräfte zwischen den Massenpunkten ihre Beziehung zu entsprechenden Stoßgesetzen haben, gibt es keinen Vorgang in der klassischen Mechanik, der ein Inertialsystem auszuzeichnen vermag.

Dies ist nicht selbstverständlich. So gilt in der aristotelischen Dynamik durchaus keine Relativität der Inertialsysteme, weil kein Impulserhaltungssatz gilt: Die Kräfte sind nicht den Impulsänderungen, sondern dem Impuls selbst proportional. Der Gleichgewichtszustand eines kräftefreien Objekts ist die Ruhe, die ein bestimmtes Bezugssystem auszeichnet. Durch die Beobachtung dieses Gleichgewichtszustandes kann in jedem Bezugssystem entschieden werden, welche Geschwindigkeit dieses gegen das absolute Ruhsystem hat.

In der klassischen Mechanik hingegen gilt das Relativitätsprinzip: Alle Inertialsysteme sind gleichberechtigt in der Formulierung der physikalischen Gesetzmäßigkeiten. Das Relativitätsprinzip legt die Transformationen (Umrechnungsformeln) zwischen den Inertialsystemen auf die Galilei-Transformationen fest, wenn die Massen geschwindigkeitsunabhängig sind. Die Galilei-Transformationen (6) bilden eine sogenannte Gruppe, das heißt:

1. Wir erhalten wieder eine Galilei-Transformation, wenn wir zwei Galilei-Transformationen hintereinander ausführen.
2. Zu jeder Galilei-Transformation existiert eine Umkehrung, die wieder eine Galilei-Transformation ist.

Wir schreiben für (6) symbolisch

$$\bar{\Sigma} = G(v)\,\Sigma$$

(mit Σ werden wir im folgenden immer Inertialsysteme bezeichnen). So gilt:

Aus $\bar{\Sigma} = G(v_1)\,\Sigma$ und $\bar{\bar{\Sigma}} = G(v_2)\,\bar{\Sigma}$ folgt

$$\bar{\bar{\Sigma}} = G(v_1 + v_2)\,\Sigma \tag{7}$$

und

$$\Sigma = G(-v_1)\,\bar{\Sigma}\,. \tag{8}$$

Die einzelnen Inertialsysteme unterscheiden sich in der Zeichnung durch die jeweilige Lage der Zeitachse, die ja die Weltlinie des räumlichen Ursprungs darstellt. Die Eichkurve, d. h. der geometrische Ort aller Einheitspunkte der Zeitachsen, ist eine Gerade. Die Relativgeschwindigkeiten der Bezugssysteme sind die Abschnitte auf dieser Geraden. Daraus folgen (7) und (8) (Abb. 16). Gleichung (7) ist das galileische Additionstheorem der Geschwindigkeiten.

Ohne Bezug auf die Galilei-Transformation kann man nur ein Gesetz der folgenden Form erwarten:

Aus $\bar{\Sigma} = T(v_1)\,\Sigma$ und $\bar{\bar{\Sigma}} = T(v_2)\,\bar{\Sigma}$ folgt

$$\bar{\bar{\Sigma}} = T(f(v_1, v_2))\,\Sigma\,, \tag{9}$$

wobei die Funktion $f(v_1, v_2)$ noch nicht weiter erkundet ist. Ein Objekt, das sich bezüglich $\bar{\Sigma}$ mit v_2 bewegt, bewegt sich mit $f(v_1, v_2)$ gegen Σ, wenn sich $\bar{\Sigma}$ mit v_1 gegen Σ bewegt. Es handelt sich also beim Additionstheorem der Geschwindigkeiten wohlgemerkt nicht um eine eigentliche Addition

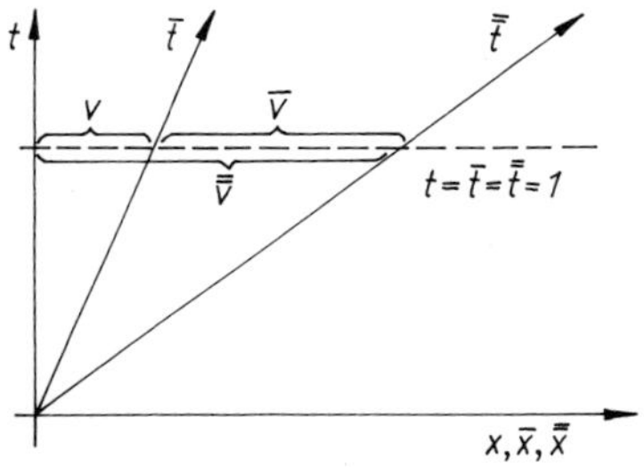

Abb. 16. Zur galileischen Addition der Geschwindigkeiten. Die Geschwindigkeiten werden durch die Streckenabschnitte auf der Linie $t = 1$ repräsentiert und addieren sich wie diese: $\bar{\bar{v}} = v + \bar{v}$.

von Geschwindigkeiten verschiedener Objekte in einem gegebenen Bezugssystem, sondern um die Verknüpfung, die Zusammensetzung von Geschwindigkeiten, die sich auf verschiedene Inertialsysteme beziehen, speziell um den Zusammenhang der Geschwindigkeit von $\bar{\bar{\Sigma}}$ in Σ, wenn die Geschwindigkeiten von $\bar{\bar{\Sigma}}$ in $\bar{\Sigma}$ und von $\bar{\Sigma}$ in Σ gegeben sind.

Wir können uns das konkret nach dem klassischen Vorbild von Huygens vorstellen, wenn wir einen Ball betrachten, der in einem Boot bewegt wird, das einen Fluß hinabtreibt. $\bar{\bar{\Sigma}}$ ist dann das Ruhsystem des Balles, $\bar{\Sigma}$ das des Bootes und Σ das eines am Ufer stehenden Beobachters. Letzterer sieht die Bewegung des Bootes mit der Geschwindigkeit v_1 und die des Balles mit der Geschwindigkeit $f(v_1, v_2)$, wenn ein im Boote stehender Beobachter dem Ball die Geschwindigkeit v_2 (gegen das Boot) zumißt. Im Fall der Galilei-Transformationen ist $f(v_1, v_2) = v_1 + v_2$.

Zu jedem gleichförmig bewegten Objekt kann ein Inertialsystem Σ_0 angegeben werden, in dem dieses Objekt ruht. Bewegt sich das Objekt mit v gegen ein gegebenes Bezugssystem Σ, so ist

$$\Sigma_0 = G(-v)\,\Sigma$$

das gesuchte Inertialsystem, das wir Ruhsystem des Objekts nennen.

4. Wellenphänomene

In diesem Abschnitt lernen wir einen der Gründe kennen, die auf einen anderen, den einsteinschen, Zusammenhang zwischen den Inertialsystemen führen. Dabei werden die Galilei-Transformationen der newtonschen Mechanik durch die Lorentz-Transformationen der Relativitätstheorie ersetzt.

Betrachten wir ein Medium (z. B. Luft), in dem sich elastische Wellen (Schall) ausbreiten. Im Ruhsystem des

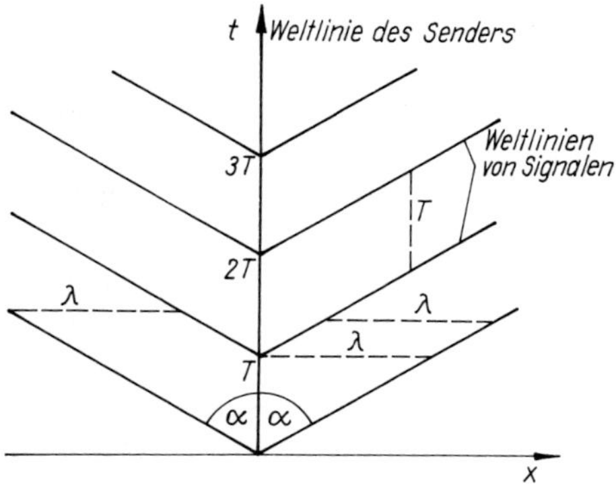

Abb. 17. Zur isotropen Ausbreitung der Signale eines ruhenden Senders. Die Schwingungsdauer T ist der zeitliche Abstand zweier Signale an festem Ort, die Wellenlänge λ der räumliche Abstand zu gegebenem Zeitpunkt. Die Ausbreitungsgeschwindigkeit ist (bei rechtwinklig gezeichnetem Achsenkreuz)

$$w = \tan \alpha = \lambda / T \ .$$

Für die Frequenz $\nu = 1/T$ gilt $\nu \cdot \lambda = w$. In unserem Fall sind w, λ und T in beiden Richtungen gleich.

Mediums, in dem keine Richtung durch die Bewegung des Mediums ausgezeichnet wird, breiten sich im einfachsten Fall die Schallwellen in alle Richtungen mit der gleichen Geschwindigkeit aus (isotrope Medien). In Abbildung 17 sind die Weltlinien von Signalen gezeichnet, die zu den Ereignissen $x = 0$, $t = nT$ $(n = 0, 1, \ldots)$ ausgesandt werden. Die Signalgeschwindigkeit w ist in beiden Richtungen gleich. Die Weltlinien der Signale eines Senders, der sich

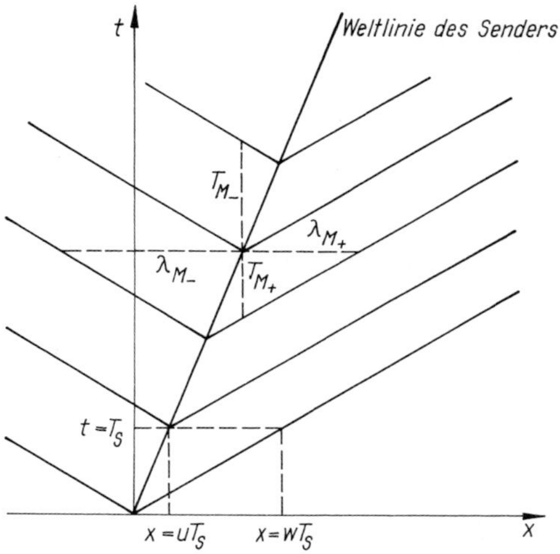

Abb. 18. Zur isotropen Ausbreitung der Signale eines bewegten Senders. T_{M-} und λ_{M-} bezeichnen Periode und Wellenlänge (Distanz) der Signale an den Stellen des Mediums, von denen sich der Sender wegbewegt, T_{M+} und λ_{M+} das gleiche an den Stellen des Mediums, auf die sich der Sender zubewegt. Es gilt wegen der gleichen Ausbreitungsgeschwindigkeit w in beiden Richtungen $\lambda_{M\pm} = wT_{M\pm}$. Auf Grund der Bewegung des Senders erhalten wir jedoch

$$\lambda_{M-} = wT_S + uT_S\,, \qquad \lambda_{M+} = wT_S = uT_S\,.$$

Daraus ergibt sich der Doppler-Effekt bei bewegtem Sender:

$$T_{M-} = T_S\,\frac{w+u}{w}\,, \qquad T_{M+} = T_S\,\frac{w-u}{w}\,.$$

mit der Geschwindigkeit u im Medium bewegt, sind in Abbildung 18 gezeichnet. Die Periode des Senders sei T_S. Wir sehen, daß die Periode für einen im Medium ruhenden Beobachter T_M nicht die gleiche ist. Wir finden vielmehr

$$T_M = T_S \frac{w - u}{w}, \tag{10a}$$

wobei u positiv gerechnet wird, wenn sich der Sender auf den Beobachtungspunkt im Medium zubewegt.

Bewegt sich der Beobachter im Medium mit v, und hat das periodische Signal im Medium die Periode T_M, so ist die beobachtete Periode T_B gleich

$$T_B = T_M \frac{w}{w - v}. \tag{10b}$$

Dabei wird v positiv gerechnet, wenn die Bewegung des Beobachters die gleiche Richtung wie die Bewegung der Signale hat (Abb. 19). Beide Formeln zusammen ergeben den Doppler-Effekt der klassischen Mechanik

$$T_B = T_S \frac{w - u}{w - v}. \tag{11}$$

Der Doppler-Effekt bei bewegtem Beobachter kann auch anders berechnet werden. Im Ruhsystem des Beobachters hat das Signal nicht mehr die Geschwindigkeit w, sondern $w - v$. Wegen der Gleichheit der Wellenlänge in allen Bezugssystemen folgt nun mit

$$T_M = \frac{\lambda_M}{w}, \qquad T_B = \frac{\lambda_M}{w - v}$$

wieder Gleichung (10a).

Im Ruhsystem des Beobachters ist die Ausbreitung der Signale nicht mehr in beiden Richtungen gleich schnell, weil sich zur Ausbreitungsgeschwindigkeit im Medium die Ge-

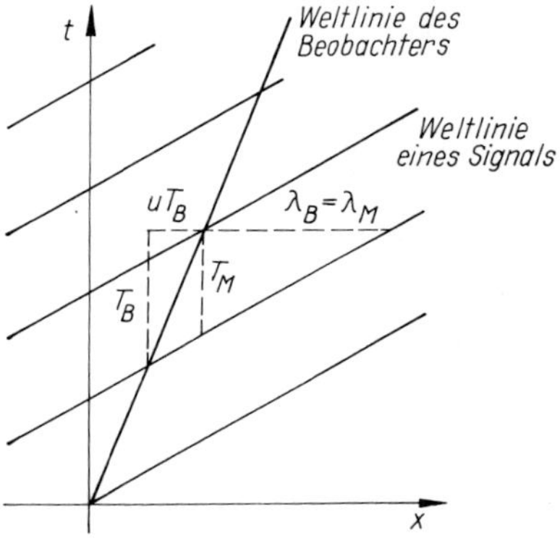

Abb. 19. Zum Doppler-Effekt bei bewegtem Beobachter.
In das Feld der Weltlinien der Signale legen wir die Weltlinie des Beobachters. Wir wählen zwei aufeinander folgende Schnittpunkte und ziehen die Parallelen zu den Koordinatenachsen. Dann folgt aus $\lambda_M = wT_M$ und $uT_B + \lambda_M = wT_B$ die Formel

$$T_B = T_M \frac{w}{w - u}.$$

u rechnen wir dabei positiv, wenn die Bewegung des Beobachters die gleiche Richtung wie die der Signale hat.

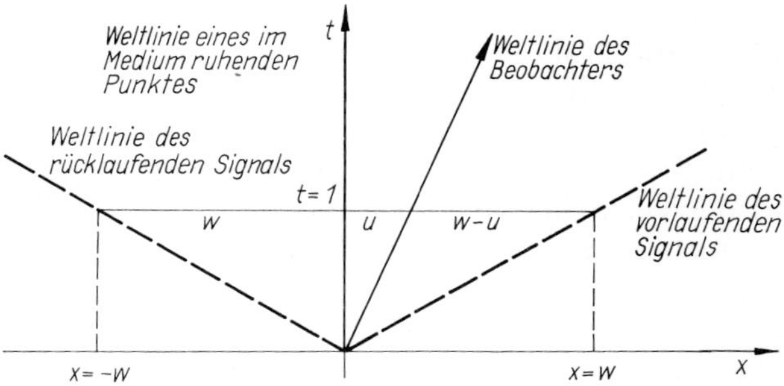

Abb. 20. Relativgeschwindigkeiten bei bewegtem Beobachter.
Der Abstand des vorlaufenden Signals vom Beobachter vergrößert sich mit der Geschwindigkeit $w - u$, der Abstand des rücklaufenden Signals mit $w + u$.

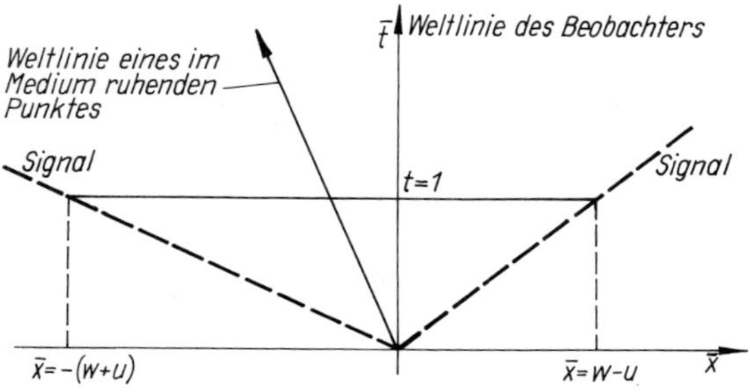

Abb. 21. Signalausbreitung bei Bewegung des Mediums.
Wir übertragen die Figur aus Abb. 20 entsprechend dem Verfahren von Abb. 10 in das Ruhsystem des Beobachters. Die Signalausbreitung ist anisotrop, das Medium bewegt sich in diesem Inertialsystem.

schwindigkeit des Mediums im Ruhsystem des Beobachters addiert (Abb. 20, 21). Das Ruhsystem des Mediums ist durch die Richtungsunabhängigkeit (Isotropie) der Wellenausbreitung gekennzeichnet. Das ist keine Verletzung des Relativitätsprinzips, weil die Wellenausbreitung an das konkrete Medium gebunden ist, eben einen Zustand des Mediums beschreibt. Die Wellen breiten sich relativ zu den Partikeln des Mediums aus.

Einen Strich durch diese Rechnung macht nun die Ausbreitung des Lichts. Seine Ausbreitungsgeschwindigkeit ist endlich (im folgenden bezeichnet c die Lichtgeschwindigkeit in Medien mit Brechungsindex 1 bzw. im Vakuum). Demzufolge kann nach den bisher entwickelten – von der Geschwindigkeitsunabhängigkeit der Masse ausgehenden – Vorstellungen die Ausbreitung nur in einem Inertialsystem isotrop sein. Wegen der Universalität der Lichtausbreitung wäre dies dann ein ganz brauchbares (weil überall reproduzierbares) absolutes Ruhsystem. Was tun? Die Frage der Isotropie der Lichtausbreitung kann experimentell geprüft werden. Dies hat A. A. Michelson das erste Mal 1881 in Potsdam versucht. Wir zeigen hier ein neueres Versuchs-

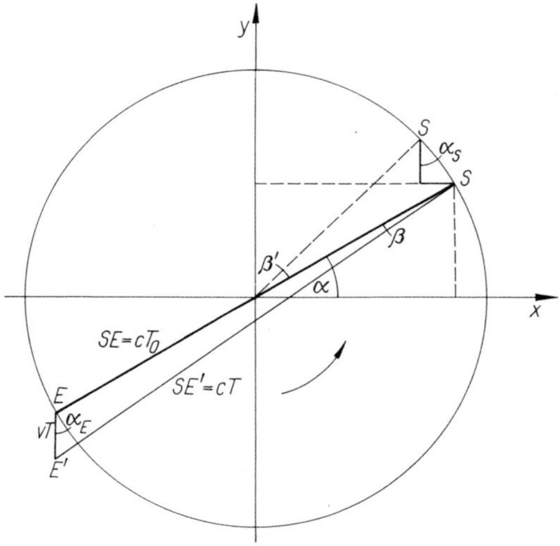

Abb. 22. Schema des Versuchs von Champeney, Isaak und Khan.
Auf einem symmetrischen Arm, der sich um seinen Mittelpunkt dreht, sind ein Signalgeber S und ein Signalempfänger E befestigt. Das Medium bewege sich mit der Geschwindigkeit v in der Ebene der Drehbewegung. Die Bewegungsrichtung des Mediums bezeichne die y-Achse. Die Laufzeit T des Signals hängt von der Stellung des Arms relativ zur Bewegungsrichtung des Mediums ab. Bei ruhendem Medium ist die Laufzeit immer $T_0 = 2R/c$, wobei c die Signalgeschwindigkeit relativ zum Medium ist. Für v verschieden von Null muß berücksichtigt werden, daß das Signal während der Laufzeit vom Medium mitgenommen wird. Wir betrachten im folgenden nur den Fall, daß die Geschwindigkeit v des Mediums sehr klein gegen die Geschwindigkeit c der Signalausbreitung ist und wir deshalb die Winkel β und β' gegen die übrigen Winkel vernachlässigen können. x und y bezeichnen die momentanen Koordinaten von S.
Der Weg SE des Signals setzt sich aus dem Weg SE' im Medium und $E'E$ mit dem Medium zusammen. Die Laufzeit von S nach E bei bewegtem Medium ist der Laufzeit von S nach E' im ruhenden Medium gleich. Aus der Ähnlichkeit der auftretenden Dreiecke folgt

$$\frac{c(T - T_0)}{vT} = \frac{y}{R}, \qquad T = T_0\left(1 - \frac{v}{c}\frac{y}{R}\right)^{-1} \approx T_0\left(1 + \frac{v}{c}\frac{y}{R}\right).$$

Abb. 22. (Fortsetzung)
Ein zur Zeit t gesendetes Signal trifft zur Zeit

$$t + T_0\left(1 + \frac{v}{c}\frac{y(t)}{R}\right)$$

am Empfänger ein, ein zur Zeit $t + \tau_S$ gesendetes zu

$$t + \tau_S + T_0\left(1 + \frac{v}{c}\frac{y(t + \tau_S)}{R}\right).$$

Aus der Zeitdistanz τ_S am Sender wird die Zeitdistanz

$$\tau_E = \tau_S + T_0\frac{v}{cR}(y(t + \tau_S) - y(t))$$

am Empfänger. Für kleine Winkelgeschwindigkeiten $\omega \ll c/R$ gilt $\alpha_S \approx \alpha$ und

$$\frac{y(t + \tau_S) - y(t)}{R\omega\tau_S} = \frac{x}{R}.$$

Daher ist

$$\tau_E \approx \tau_S\left(1 + \omega T_0\frac{v}{c}\frac{x(t)}{R}\right)$$

abhängig von der momentanen Stellung des Trägerarms. Wird das periodische Signal durch eine Lichtwelle der Frequenz ν_S realisiert, so beobachtet der Empfänger

$$\nu_E \approx \nu_S\left(1 - \omega T_0\frac{v}{c}\frac{x(t)}{R}\right).$$

Diese Frequenzverschiebung muß vorhanden sein, wenn die in Abschnitt 2 entwickelten Vorstellungen richtig sind und sich die Versuchsapparatur mit der Geschwindigkeit $-v$ gegen das Medium der Signalausbreitung bewegt. Eine solche Frequenzverschiebung wird aber im Falle der Lichtausbreitung in einem irdischen Laboratorium nicht beobachtet, obwohl die Geschwindigkeit der Erde gegen das (hypothetische) Medium der Lichtausbreitung zumindest zeitweise 30 km/s betragen muß. Der beschriebene Versuch wurde mit bei extrem tiefen Temperaturen rückstoßfreien γ-Quanten (Mössbauer-Effekt) durchgeführt und erreichte eine Empfindlichkeit von wenigen cm/s.

schema von Isaak u. a. (Abb. 22). Die Versuchsanordnung gestattet prinzipiell die Untersuchung von Signalen jeder Art. Wir betrachten hier aber ausschließlich Lichtsignale, weil die Lichtausbreitung das extremste Resultat liefert.

Man findet in jedem Inertialsystem Isotropie der Lichtausbreitung und keinen Effekt, der bei der Bewegung relativ zum Ruhsystem des hypothetischen Mediums auftreten müßte.

Wir wollen auf die Diskussion der Versuchsergebnisse verzichten und gleich damit beginnen, die Inertialsysteme nach einem neuen Verfahren unter den linearen Bezugssystemen auszuwählen. Wir lassen die Hypothese der Geschwindigkeitsunabhängigkeit der Masse fallen und stellen statt dessen die Forderung auf, daß die Lichtausbreitung in jedem inertialen Bezugssystem isotrop – richtungsunabhängig – sein soll. Wir fordern also, daß aus der Beobachtung der Richtungsabhängigkeit der Lichtausbreitung *nicht* auf den Bewegungszustand des Bezugssystems geschlossen werden kann, wir fordern das Relativitätsprinzip zuerst für die Lichtgeschwindigkeit. Das Relativitätsprinzip wird danach in der Mechanik nur gelten können, wenn diese korrigiert worden ist.

5. Die Relativität der Gleichzeitigkeit

In den vorangegangenen Abschnitten haben wir gesehen, daß die Geschwindigkeitsunabhängigkeit der Massen gerade einer absoluten, d. h. vom Bewegungszustand des Inertialsystems unabhängigen, Definition der Gleichzeitigkeit äquivalent ist und isotrope Wellenausbreitung nur in jeweils einem Inertialsystem zuläßt. Wenn wir jetzt dazu übergehen, die Inertialsysteme so unter den linearen Bezugssystemen auszuwählen, daß nun eine Wellenausbreitung mit Lichtgeschwindigkeit in jedem Inertialsystem isotrop ist, dann geben wir von vornherein die Relativität der Gleichzeitigkeit und eine Geschwindigkeitsabhängigkeit der Masse zu. Wie das zustande kommt, werden wir im folgenden sehen.

Zunächst wählen wir die Zeiteinheit in den linearen Bezugssystemen so, daß alle Geschwindigkeiten auf die Lichtgeschwindigkeit bezogen werden, d. h., daß die Lichtgeschwindigkeit die Einheit der Geschwindigkeit wird. Dazu schreiben wir an die Zeitachse ct. Der Buchstabe c steht für die Lichtgeschwindigkeit bei gewöhnlichen Zeiteinheiten. Mit ct ist die Zeit in einer Längeneinheit gegeben (ct ist der Weg, den das Licht in der angegebenen Zeiteinheit zurücklegen kann). Geschwindigkeiten, die sich auf die neue Zeiteinheit beziehen, sind dimensionslos, weil sie nun nur noch Streckenverhältnisse darstellen. Die Lichtgeschwindigkeit erhält als Bezugsgeschwindigkeit den Wert 1, die Weltlinien der im Koordinatenursprung ausgesandten Lichtsignale sind die Winkelhalbierenden des Achsenkreuzes (Abb. 23). In der vierdimensionalen Raum-Zeit bilden diese Weltlinien einen Kegel mit der Zeitachse als Symmetrieachse. Dieser Kegel heißt Lichtkegel. Wir werden

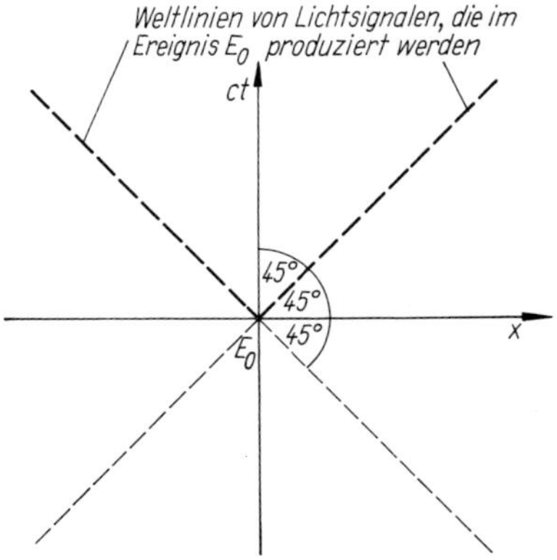

Abb. 23. Die Weltlinien von Lichtsignalen.
Wir bezeichnen die Zeitachse im folgenden immer mit ct. Dadurch erreichen wir, daß die Weltlinien der Lichtsignale die Winkelhalbierenden des rechtwinkligen Achsenkreuzes werden und der numerische Wert der Lichtgeschwindigkeit die Zeichnung nicht mehr beeinflußt. ct ist der Weg, den das Licht in der Zeit t zurücklegt. Die Zeit wird damit in Längeneinheiten angegeben.

deshalb auch die Winkelhalbierenden des Achsenkreuzes in der zweidimensionalen Raum-Zeit als Lichtkegel bezeichnen.

Wir konstruieren nun zu gegebener neuer Zeitachse (Koordinate $c\bar{t}$) die Linien gleichzeitiger Ereignisse (Parallelen zur $\bar{x}$-Achse). Dazu betrachten wir einen Stab, der sich im Ausgangsinertialsystem gleichförmig bewegt und dessen Mittelpunkt zur Zeit $ct = 0$ am Orte $x = 0$ ist (Abb. 24). Die Weltlinie m fixiert dann die Zeitachse ($\bar{x} = 0$) des Ruhsystems des Stabes. Die Endpunkte bewegen sich nun auf den zu m parallelen Weltlinien a und b. Die zum Ereignis O $((x, ct) = (0, 0))$ ausgesandten Signale müssen im Ruhsystem des Stabes seine Enden gleichzeitig erreichen, d. h., die Geraden a und b gleichzeitig schneiden, da die Entfernungen zur Mitte gleich sind und die Geschwindigkeit des Signals laut Voraussetzung auch im Ruhsystem

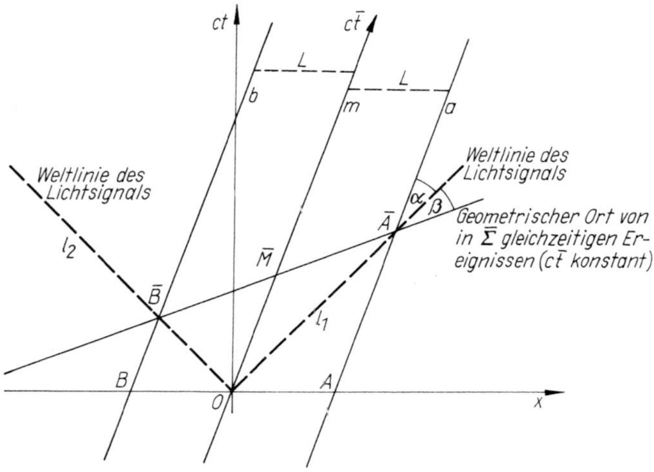

Abb. 24. Die Relativität der Gleichzeitigkeit.
In das Inertialsystem *x-ct* zeichnen wir die Weltlinien l_1 und l_2 zweier Lichtsignale, die im Ereignis O ausgesandt werden. Dann zeichnen wir die Weltlinien a, b und m der Stabenden A und B und der Stabmitte, wobei m durch O gehen soll. Die Weltlinien a und b schneiden l_1 und l_2 in $\bar{A}$ und $\bar{B}$, die im Ruhsystem des Stabes gleichzeitig sein müssen, im Ausgangssystem aber nicht gleichzeitig sind. Nun ist $\sphericalangle\ \bar{B}O\bar{A}$ ein rechter Winkel und $\bar{B}\bar{M}$ gleich $\bar{A}\bar{M}$, daher ist $\bar{M}$ Mittelpunkt des Thaleskreises des $\triangle\ \bar{B}O\bar{A}$ und $\bar{M}O = \bar{M}\bar{A}$. Folglich sind die Dreiecke $\triangle\ O\bar{A}\bar{M}$ und $\triangle\ \bar{B}O\bar{M}$ gleichschenklig und $\alpha = \beta$. Da die $\bar{x}$-Achse des Ruhsystems des Stabes parallel $\bar{A}\bar{B}$ sein muß, halbieren l_1 und l_2 auch die Winkel zwischen den Achsen $\bar{x}$ und $c\bar{t}$. Die Weltlinien der Lichtsignale sind in allen Inertialsystemen Winkelhalbierende der Achsen.

Unsere Abbildung liefert eine Grundkonstruktion, die im folgenden immer wieder benötigt wird: Gegeben sei eine beliebige $c\bar{t}$-Achse durch O und ein Punkt $\bar{M}$ auf ihr. Gesucht ist die Parallele zur $\bar{x}$-Achse durch $\bar{M}$, d. h. der geometrische Ort der im $\bar{x}$-$c\bar{t}$-System zu $\bar{M}$ gleichzeitigen Ereignisse. Wir konstruieren dazu nur die gleichschenkligen Dreiecke $\triangle\ O\bar{M}\bar{A}$ bzw. $\triangle\ \bar{B}O\bar{M}$ durch Legen eines Kreises um $\bar{M}$ mit dem Radius $\bar{M}O$ und Schneiden mit den Weltlinien der Lichtsignale durch O.

des Stabes in beide Richtungen gleich groß ist. Die Verbindungsgerade g der Schnittpunkte $\bar{A}$ und $\bar{B}$ ist also der geometrische Ort der – im Ruhsystem des Stabes – zu $\bar{A}$ und $\bar{B}$ gleichzeitigen Ereignisse. g ist daher parallel zur $\bar{x}$-Achse. Wir sehen, daß die Weltlinien der Lichtsignale auch im Bezugssystem $\bar{\Sigma}$ wieder durch die Winkelhalbierenden dargestellt werden. Somit sind aus der Menge der linearen Bezugssysteme zunächst diejenigen ausgewählt, deren Winkelhalbierende zwischen den Bezugsachsen für alle ausgewählten Bezugssysteme gleich sind. Die relative Eichung der Achsen ist noch offen (Abb. 25). Allerdings muß

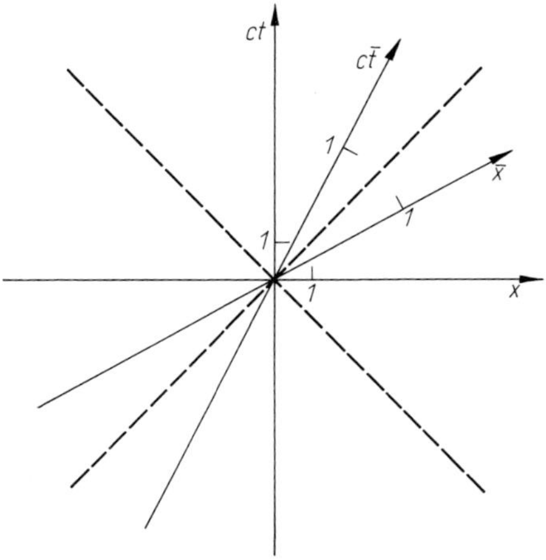

Abb. 25. Die relative Lage und Eichung der Achse eines Bezugssystems. Die Weltlinien der Lichtsignale sind immer die Winkelhalbierenden zwischen den Achsen. Wir legen die relative Eichung so fest, daß die formale Geschwindigkeit $\Delta x/\Delta ct = 1$ für Lichtsignale nicht geändert wird. Damit ist die Zeiteinheit als die Zeit definiert, in der das Licht die Längeneinheit zurücklegt, unabhängig vom numerischen Wert der Lichtgeschwindigkeit. Wir behaupten also zunächst nicht die Unabhängigkeit des numerischen Wertes der Lichtgeschwindigkeit vom Inertialsystem, nur die Isotropie der Ausbreitung. Die Frage nach dem numerischen Wert erfordert zudem einen Bezugsstandard für die Lichtgeschwindigkeit. Diese Frage wird in Abschnitt 12 diskutiert.

der Abstand der Einheitspunkte vom Ursprung auf beiden Achsen eines Bezugssystems der gleiche sein.

Die Gleichzeitigkeit ist nun – wie bereits ausgesprochen – eine Frage des Bezugssystems, in dem die Gleichzeitigkeit festgestellt werden soll. Sind zwei Ereignisse (etwa $\bar{A}$ und $\bar{B}$ in Abbildung 24) gleichzeitig in einem Bezugssystem ($\bar{\Sigma}$ in Abbildung 24), so sind sie es nicht mehr in einem relativ zu diesem bewegten Bezugssystem (Σ in Abbildung 24). Die Relativgeschwindigkeit des Bezugssystems $\bar{\Sigma}$ gegen das Bezugssystem Σ (d. h. seine Geschwindigkeit in Σ) nennen wir v. v ist das Verhältnis von Abszisse zu Ordinate eines Punktes auf der $c\bar{t}$-Achse, bezogen auf die Achsen von Σ. v bezeichnet die Geschwindigkeit von $\bar{\Sigma}$ relativ zu Σ. Mit $\bar{v}$ bezeichnen wir dementsprechend das Verhältnis von Abszisse zu Ordinate eines Punktes auf der ct-Achse, wobei

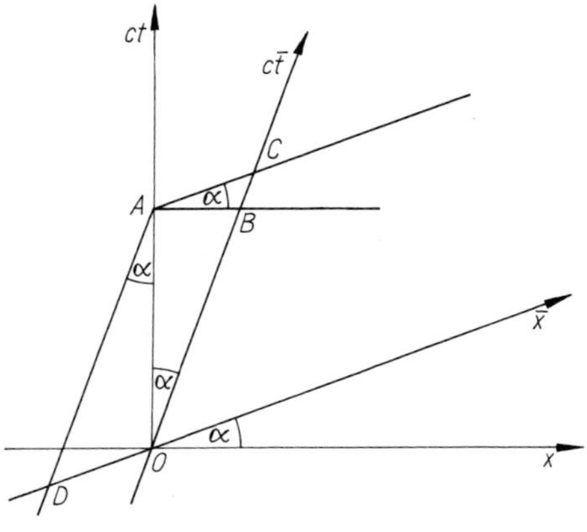

Abb. 26. Die Reziprozität der Relativgeschwindigkeit.
Nachdem die beiden Bezugssysteme (d. h. die vier Achsen) entsprechend Abbildung 25 gezeichnet sind, wählen wir einen Punkt A auf der ct-Achse und ziehen Parallelen zu den anderen drei Achsen, deren Schnittpunkte mit den Achsen x und ct wir notieren. Die Vorschrift der relativen Eichung der Achsen ergibt, daß $v = AB/OA$ die Geschwindigkeit von $\bar{\Sigma}$ gegen Σ und $-\bar{v} = AC/OC$ die von Σ gegen $\bar{E}$ ist. Da aber die Dreiecke $\triangle ABC$ und $\triangle AOC$ ähnlich sind, ist $OC/OA = AC/AB$ und folglich $v = -\bar{v}$.

Abszisse und Ordinate dieses Punktes nun auf die Achsen von $\bar{\Sigma}$ bezogen werden müssen (Abb. 26). Es gilt $v = -\bar{v}$.

Wir konstruieren nun den Beweis für das einsteinsche Additionstheorem der Geschwindigkeiten (Abb. 27). Die Geschwindigkeit $\bar{\bar{v}}$ von $\bar{\bar{\Sigma}}$ gegen Σ ist zu ermitteln, wenn Geschwindigkeit v von $\bar{\Sigma}$ gegen Σ und die Geschwindigkeit $\bar{v}$ von $\bar{\bar{\Sigma}}$ gegen $\bar{\Sigma}$ gegeben sind. Wir finden

$$\bar{\bar{v}} = \frac{v + \bar{v}}{1 + v\bar{v}}. \tag{12}$$

Der in Abbildung 27 skizzierte Beweis, der davon ausgeht, daß die Achsen des Bezugssystems Σ rechtwinklig gezeichnet werden, kann durch einen Beweis ersetzt werden, der dieser Voraussetzung nicht bedarf (Abb. 28). Dieser benutzt die Tatsache, daß das Doppelverhältnis von vier Punkten einer Geraden bei Projektion auf eine andere Gerade erhalten bleibt. Zeichnet man die Achsen eines Bezugssystems und den Lichtkegel und legt dann die Weltlinie eines gleichförmig bewegten Punktes durch den Ursprung, so gilt für die Schnittpunkte einer Geraden mit dem Lichtkegel (D, E), der Zeitachse (A) und der Weltlinie des betrachteten Punktes (B)

$$\frac{BD}{BE} : \frac{AD}{AE} = \frac{1 + v}{1 - v}. \tag{13}$$

Nach Abbildung 28 erhalten wir das Additionstheorem in der Form

$$\frac{1 + \bar{\bar{v}}}{1 - \bar{\bar{v}}} = \frac{1 + v}{1 - v} \cdot \frac{1 + \bar{v}}{1 - \bar{v}}. \tag{14}$$

Bei der Ausführung zweier Transformationen hintereinander addieren sich also die Größen

$$\varphi = \frac{1}{2} \ln \frac{1 - v}{1 + v}. \tag{15}$$

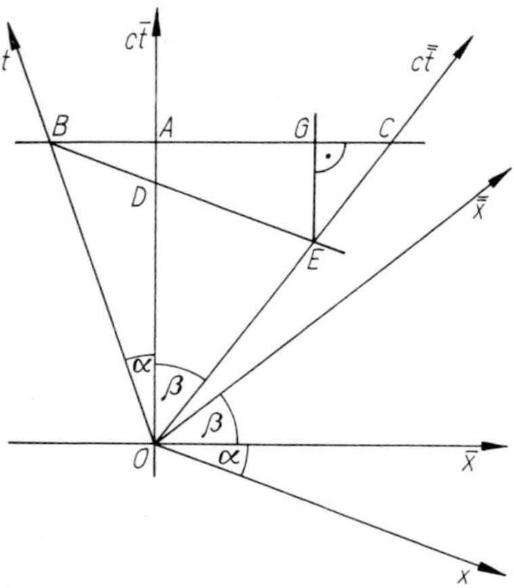

Abb. 27. Das einsteinsche Additionstheorem der Geschwindigkeiten. I. Zunächst zeichnen wir die Achsen von Σ, $\bar{\Sigma}$ und $\bar{\bar{\Sigma}}$. Dabei wählen wir die Achsen $\bar{x}$ und $c\bar{t}$ rechtwinklig. Danach zeichnen wir auf der $c\bar{t}$-Achse einen Punkt A, ziehen durch ihn eine Parallele zur $\bar{x}$-Achse und finden B und C. Wir ziehen durch B eine Parallele zur x-Achse und finden D und E. Dann fällen wir das Lot von E auf BC und finden G. Nun ist die Geschwindigkeit von $\bar{\Sigma}$ gegen Σ gleich $v = BD/OB = BA/OA$, die von $\bar{\bar{\Sigma}}$ gegen $\bar{\Sigma}$ gleich $\bar{v} = AC/OA$ und die von $\bar{\bar{\Sigma}}$ gegen Σ gleich $\bar{\bar{v}}$ = BE/OB. Wegen der Ähnlichkeit der Dreiecke $\triangle\, CGE$ und $\triangle\, CAO$ gilt $GC/EG = AC/OA = \bar{v}$. Auch die beiden Dreiecke $\triangle\, BGE$ und $\triangle\, OAB$ sind ähnlich. Daraus folgt

$$\frac{1}{v} = \frac{OA}{AB} = \frac{BG}{EG} = \frac{BC - GC}{EG}, \qquad \frac{BC}{EG} = \frac{1 + v\bar{v}}{v}.$$

Beziehen wir alle Größen auf die Strecke OA, so können wir schreiben

$$\frac{EG}{OA} = (v + \bar{v})\frac{v}{1 + v\bar{v}}, \qquad \frac{BC}{OA} = \frac{v + \bar{v}}{1 + v\bar{v}}.$$

Andererseits bewirken die Ähnlichkeiten auch $BE/BG = OB/OA$, die Geschwindigkeit von $\bar{\bar{\Sigma}}$ gegen Σ ist daher

$$\bar{\bar{v}} = \frac{BE}{OB} = \frac{BG}{OA} = \frac{v + \bar{v}}{1 + v\bar{v}}.$$

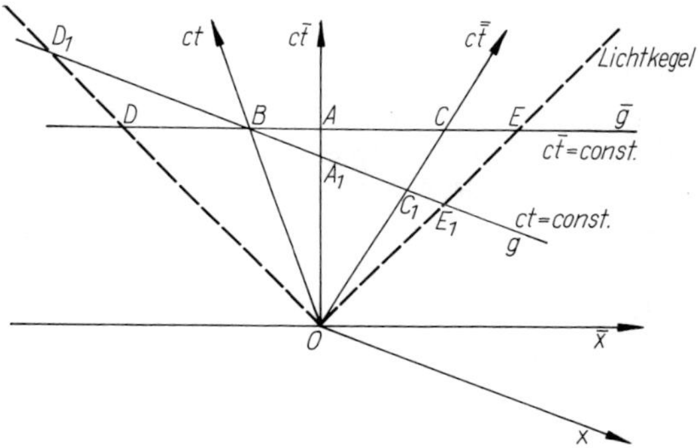

Abb. 28. Das einsteinsche Additionstheorem der Geschwindigkeiten. II. Wir zeichnen die drei Zeitachsen und den Lichtkegel. Wir wählen auf der $c\bar{t}$-Achse den Punkt A und ziehen durch ihn eine Parallele zur $\bar{x}$-Achse (Standardkonstruktion Abb. 24) und finden die Schnittpunkte B, C, D und E. Darauf ziehen wir durch B die Parallele zur x-Achse und finden D_1, A_1, C_1 und E_1. Die Relativgeschwindigkeiten sind $v = BA/OA$, $\bar{v} = AC/OA$ und $\bar{\bar{v}} = BC_1/OB$. Wir beachten $BO = BE_1 = D_1B$ und $OA = AE = DA$. Folglich ist

$$\frac{1+\bar{\bar{v}}}{1-\bar{\bar{v}}} = \frac{C_1D_1}{C_1E_1} \cdot \frac{BE_1}{BD_1} = \mathscr{D}(C_1, B, D_1, E_1)\,.$$

Dieses Doppelverhältnis bleibt aber erhalten, wenn die Gerade g aus O auf $\bar{g}$ projiziert wird. Wir finden

$$\frac{1+\bar{\bar{v}}}{1-\bar{\bar{v}}} = \mathscr{D}(C, B, D, E) = \frac{CD}{CE} \cdot \frac{BE}{BD} = \frac{1+\bar{v}}{1-\bar{v}} \cdot \frac{1+v}{1-v}\,.$$

Aufgelöst nach $\bar{\bar{v}}$ ergibt sich wieder

$$\bar{\bar{v}} = \frac{v+\bar{v}}{1+v\bar{v}}\,.$$

Diese Größe ist proportional dem Inhalt einer Fläche, die von den beiden Zeitachsen und einer festen Hyperbel begrenzt wird (Abschnitt 8).

Das einsteinsche Additionstheorem der Geschwindigkeiten bedeutet unter anderem, daß sich aus der Zusammensetzung zweier Bewegungen mit Geschwindigkeiten kleiner als der Lichtgeschwindigkeit wieder nur eine Bewegung ergeben kann, die langsamer als die Lichtausbreitung ist. Die Frage der Bewegung mit Überlichtgeschwindigkeit verschieben wir auf den nächsten Abschnitt.

Bevor wir die geometrische Bedeutung des Parameters φ nach Gleichung (15) weiter untersuchen, wollen wir uns der Massenveränderlichkeit zuwenden, die ebenso wie die Relativität der Gleichzeitigkeit aus der Tatsache folgt, daß die Isotropie der Lichtausbreitung vom gewählten Bezugssystem unabhängig ist. Danach können wir die Eichung der Achsen festlegen und unsere ausgewählten Bezugssysteme wieder als Inertialsystem bezeichnen.

6. Die Relativität der Masse

Die Relativität der Gleichzeitigkeit erfordert eine Relativität der Masse, d. h. eine Abhängigkeit der Masse (definiert als Zeitkomponente des Impulses) von der Geschwindigkeit des Körpers. Wir haben gesehen (Abb. 13), daß die Gleichzeitigkeit nur dann auf dynamischer Basis definiert werden kann, wenn alle Massen in gleicher Weise von den Geschwindigkeiten abhängen. Wir suchen somit eine Geschwindigkeitsabhängigkeit der Form

$$m(v) = m_0 f(v) . \tag{16}$$

$m_0 = m(0)$ heißt Ruhmasse des Objekts. Wie auch in Abschnitt 2 legen wir die Eichung der Zeitachsen relativ zueinander fest, wenn wir die Unabhängigkeit der Ruhmasse vom jeweiligen Bezugssystem verlangen. Wir beschränken uns außerdem auf gerade Funktionen $f(v)$ in Hinsicht auf die vom Relativitätsprinzip implizierte Gleichwertigkeit aller Richtungen.

Betrachten wir ein Bezugssystem, in dem sich zwei Körper mit gleicher Masse und entgegengesetzt gleichen Geschwindigkeiten bewegen. Die beiden Ruhmassen m_{01} und m_{02} sind also so gewählt, daß

$$m_{01} f(-v) = m_{02} f(v) , \quad \text{das ist} \quad m_{01} = m_{02} \tag{17}$$

gilt. Nun betrachten wir die Zeitkomponente des Impulses der zweiten Masse im Ruhsystem der ersten. In diesem Bezugssystem hat die zweite Masse nach Gleichung (12) die Geschwindigkeit

$$\bar{v} = \frac{2v}{1 + v^2} . \tag{18}$$

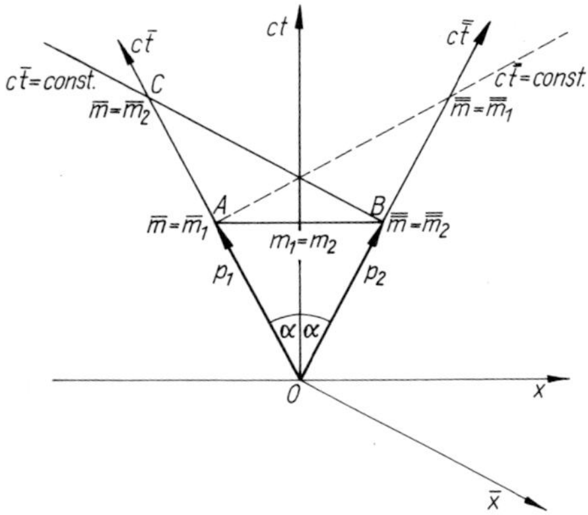

Abb. 29. Zur relativistischen Massenveränderlichkeit. I.
Ins Bezugssystem Σ zeichnen wir zwei Impulsvektoren gleicher Masse und entgegengesetzt gleicher Geschwindigkeit (OA und OB). Darauf interpretieren wir OA als Teil der $c\bar{t}$-Achse des Ruhsystems des Teilchens 1 und vervollständigen $\bar{\Sigma}$ mit der $\bar{x}$-Achse. Durch B legen wir eine Parallele zu dieser Achse und bestimmen mit C die Zeitkoordinate (Masse) des Impulses p_2 im Bezugssystem $\bar{\bar{\Sigma}}$, dessen Geschwindigkeit in diesem Bezugssystem gleich $v = CB/OC$ ist. Wir überzeugen uns, daß der Winkel $\sphericalangle\, OBC$ ein rechter Winkel ist, und schließen mit $AO = BO$ auf

$$\left(\frac{OA}{OC}\right)^2 = \left(\frac{\mathrm{OB}}{\mathrm{OC}}\right)^2 = 1 - \left(\frac{BC}{OC}\right)^2 = 1 - v^2 \,.$$

Folglich ist

$$\frac{\bar{m}_2}{\bar{m}_1} = \frac{OC}{OA} = \frac{1}{\sqrt{1 - v^2}} \,.$$

Die Figur ist symmetrisch. Für die Massenwerte im Ruhsystem des Teilchens 2 gilt

$$\frac{\bar{\bar{m}}_1}{\bar{\bar{m}}_2} = \frac{1}{\sqrt{1 - v^2}} \,.$$

Nach den in Abbildung 29 und Abbildung 30 skizzierten Beweisen (der erste arbeitet wieder mit einer Zeichnung, in dem das Ausgangsbezugssystem rechtwinklig gezeichnet ist, der zweite wieder mit der aus der projektiven Geometrie bekannten Konstanz des Doppelverhältnisses von vier Punkten einer Geraden) folgt für das Verhältnis der beiden Massen im Ruhsystem der ersten

$$f(v) = f\left(\frac{2v}{1 + v^2}\right) = \frac{1 - v^2}{1 + v^2} = \frac{1}{\sqrt{1 - \bar{v}^2}}. \tag{19}$$

Die Eichung der Achsen des Bezugssystems wird nun so getroffen, daß $m(0)$ unabhängig vom Inertialsystem wird. Diese Forderung der Invarianz der Ruhmasse ist der Forderung äquivalent, daß die Transformationen zwischen den Inertialsystemen eine Gruppe bilden, daß eine Transformation, die aus einem Inertialsystem in ein anderes überführt, aus jedem Inertialsystem in ein anderes überführt.

Ist E der Einheitspunkt auf der ct-Achse, so ist $\bar{E}$ der Einheitspunkt auf der $c\bar{t}$-Achse, wenn $\bar{E}$ die ct-Koordinate

$$ct(\bar{E}) = \frac{ct(E)}{\sqrt{1 - v^2}} = \frac{1}{\sqrt{1 - v^2}} \tag{20}$$

hat. Nunmehr sind die Inertialsysteme vollständig definiert: Aus der Isotropie der Lichtgeschwindigkeit in allen Inertialsystemen folgt die Definition der Gleichzeitigkeit, darauf wird die x-Achse relativ zur t-Achse so geeicht, daß die Lichtgeschwindigkeit numerisch unabhängig vom Inertialsystem wird. Die Zeitachsen schließlich werden zueinander so geeicht, daß die numerischen Werte der Ruhmassen unabhängig vom Inertialsystem werden.

Wir erhalten das Resultat (20) auch dann, wenn wir auf die Diskussion der Geschwindigkeitsabhängigkeit der Masse verzichten und das Relativitätsprinzip direkt auf die Kinematik der Bezugssysteme anwenden, wenn wir also

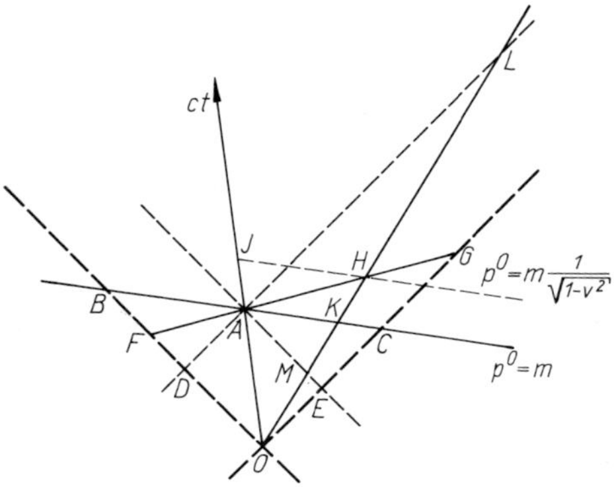

Abb. 30. Zur relativistischen Massenveränderlichkeit. II.
In den Lichtkegel legen wir eine Weltlinie, in deren Ruhsystem wir zwei Massen vergleichen wollen. Durch den Punkt A legen wir eine Parallele zur x-Achse dieses Bezugssystems und Parallelen zum Lichtkegel. B, C, D und E sind die Schnittpunkte. Nun wählen wir eine weitere Gerade durch A, die den Lichtkegel in F und G schneidet und die wir als $\bar{x}$-Achse eines anderen Bezugssystems $\bar{\Sigma}$ interpretieren. Alle Punkte P auf dieser Geraden definieren dann Impulsvektoren OP, die in $\bar{\Sigma}$ die gleiche Masse wie OA haben. Auf FG suchen wir den Punkt H, für den $FA = HG$ gilt. OH hat dann nicht nur die gleiche Masse wie OA, sondern auch die entgegengesetzt gleiche Geschwindigkeit relativ zu $\bar{\Sigma}$. Das Verhältnis der Masse von OH und OA in Σ wird dagegen durch JO/AO gegeben. Wir finden J, wenn wir durch H eine Parallele zu BC ziehen. Wir wollen nun das Verhältnis JO/AO bestimmen.

Wir bezeichnen die Schnittpunkte von OH mit dem Lichtkegel in A mit M und L und projizieren die Punktreihe O, M, K, H und L aus A auf die Gerade OB. Die Konstanz der Doppelverhältnisse liefert

$$\mathscr{D}(M, O, K, L) = \frac{KM}{KO} \cdot \frac{LO}{LM} = \mathscr{D}(P_2, O, B, D) = \frac{1}{2}$$

(P_2 ist der Fernpunkt der Geraden OB) als auch

$$\mathscr{D}(M, O, H, L) = \frac{HM}{HO} \cdot \frac{LO}{LM} = \mathscr{D}(P_2, O, F, D) = \frac{DO}{FO}.$$

P_1 sei der Fernpunkt der Geraden OC, P_3 der von OL. Dann projizieren wir die Gerade OL parallel (d. h. aus P_2) auf DL und diese wiederum aus

zu **Abb. 30.**

O auf BC. Es folgt

$$\frac{LM}{LO} = \mathscr{D}(O, M, P_2, L) = \mathscr{D}(D, A, P_1, L) = \mathscr{D}(B, A, C, K) = \frac{2v}{1+v}.$$

Weiterhin gilt

$$\frac{FD}{DO} = \frac{FA}{GA} = \sqrt{\frac{FA}{GA}\cdot\frac{GH}{FH}} = \sqrt{\frac{BA}{CA}\cdot\frac{CK}{BK}} = \sqrt{\frac{1-v}{1+v}}.$$

Alles zusammen ergibt unter Beachtung des relativen Vorzeichens der Strecken

$$\frac{JO}{AO} = \frac{HO}{KO} = \frac{1+\dfrac{MK}{KO}}{1+\dfrac{MH}{HO}} = \frac{1-\dfrac{1}{2}\dfrac{LM}{LO}}{1-\dfrac{DO}{FO}\cdot\dfrac{LM}{LO}} = \frac{1}{\sqrt{1-v^2}}.$$

verlangen, daß die Kurve der Einheitspunkte in allen Bezugssystemen die gleiche Form hat (Abb. 31). Das Relativitätsprinzip wird hier durch die Forderung repräsentiert, daß der Einheitspunkt auf der ct-Achse die gleiche Zeitkoordinate im Bezugssystem $\bar{\Sigma}$ hat wie der Einheitspunkt auf der $c\bar{t}$-Achse im Bezugssystem Σ. Neben Gleichung (20) ergibt sich, daß beide Einheitspunkte auf derselben gleichseitigen Hyperbel mit den gegebenen Asymptoten liegen.

Wir konstruieren jetzt die Eichung (Abb. 32). Ausgehend vom Inertialsystem Σ bestimmen wir die Einheitspunkte von $\bar{\Sigma}$. Dabei benutzen wir Gleichung (20), wenn wir mit Hilfe des Ähnlichkeitssatzes

$$ct(E) = ct(B) = ct(\bar{E})\,\frac{c\bar{t}(B)}{c\bar{t}(\bar{E})}, \qquad ct(B) = \sqrt{1-v^2}\;c\bar{t}(\bar{E})$$

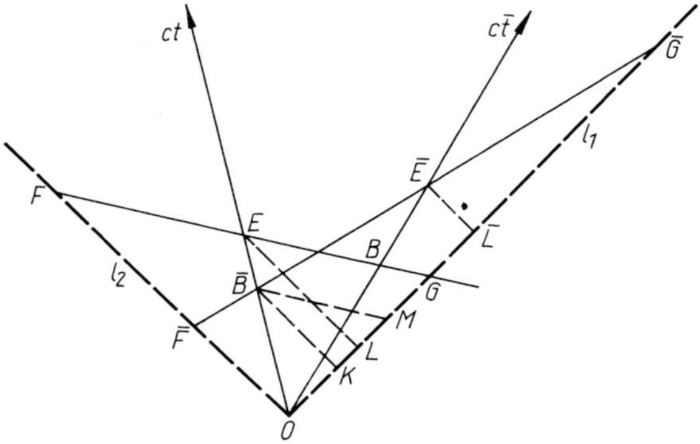

Abb. 31. Relativitätsprinzip und Dilatationsfaktor.
Gegeben seien zwei Inertialsysteme durch ihre Zeitachsen. Die Einheitspunkte seien E und $\bar{E}$. Wir legen die x-Achsen-Parallele FG durch E und die $\bar{x}$-Achsen-Parallele $\bar{F}\bar{G}$ durch $\bar{E}$ und finden die Schnittpunkte B und $\bar{B}$. Der Punkt B hat die gleiche t-Koordinate wie E und $\bar{B}$ die gleiche $\bar{t}$-Koordinate wie $\bar{E}$. Wir verlangen nun Reziprozität, das heißt $c\bar{t}(E) = ct(\bar{E})$. Dies bedeutet $OB/O\bar{E} = O\bar{B}/OE$. Damit erweist sich die Verbindungslinie $B\bar{B}$ als parallel zu $E\bar{E}$. Die Dreiecke $\triangle\, E\bar{B}B$ und $\triangle\, \bar{E}\bar{B}B$ sind flächengleich, daher auch die Dreiecke $\triangle\, EBO$ und $\triangle\, \bar{E}\bar{B}O$. Wegen der Reziprozität der Geschwindigkeiten ($\bar{v} = -v$) ist aber $\triangle\, EBO$ mit dem gleichen Faktor (v) proportional zum Dreieck $\triangle\, EGO$ wie auch $\triangle\, \bar{B}\bar{E}O$ zu $\triangle\, \bar{E}\bar{E}O$. Wir können daher die Flächengleichheit der Dreiecke $\triangle\, EGO$ und $\triangle\, \bar{E}\bar{G}O$ feststellen: $O\bar{L} \cdot \bar{E}\bar{L} = OL \cdot EL$. Das ist die Gleichung einer Hyperbel mit den Asymptoten l_1 und l_2 (vgl. Abb. 52). E und $\bar{E}$ liegen auf der gleichen Hyperbel.
Wir bestimmen nun noch $O\bar{B}/OE$. Dazu ziehen wir durch $\bar{B}$ die Parallele zu FG und das Lot auf l_1 und finden M und K. Nach Abbildung 24 gilt $OK = OM$. Für den Flächeninhalt des Dreiecks $\triangle\, O\bar{B}M$ erhalten wir $\mathscr{F}(\triangle\, O\bar{B}M) = OK \cdot \bar{B}K$. Der Ähnlichkeitssatz ergibt einerseits

$$\frac{OK}{O\bar{L}} = \frac{\bar{F}\bar{B}}{\bar{F}\bar{E}} = 1 - v\,,$$

andererseits aber auch

$$\frac{\bar{B}K}{\bar{E}\bar{L}} = \frac{\bar{B}\bar{G}}{\bar{E}\bar{G}} = 1 + v\,.$$

zu **Abb. 31.**
Daher ist

$$\begin{aligned}\mathcal{F}(\triangle\, O\bar{B}M) &= (1 - v^2)\, O\bar{L} \cdot \bar{E}\bar{L} \\ &= (1 - v^2)\, OL \cdot EL \\ &= (1 - v^2)\, \mathcal{F}(\triangle\, OEG)\,.\end{aligned}$$

Wiederum schließen wir mit dem Ähnlichkeitssatz auf

$$\frac{O\bar{B}}{OE} = \sqrt{1 - v^2}\,.$$

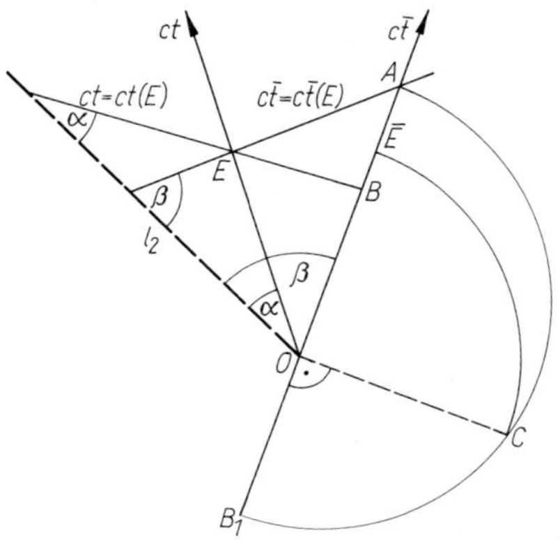

Abb. 32. Die Bestimmung der Eichpunkte.
Gegeben sei der Eichpunkt E auf einer ct-Achse. Gesucht ist der Eichpunkt einer anderen $c\bar{t}$-Achse. Der Ursprung beider Koordinatensysteme falle zusammen. Wir ziehen durch E Parallelen zur x- und zur $\bar{x}$-Achse und finden die Schnittpunkte A und B. Wir wissen, daß der Eichpunkt $\bar{E}$ der Bedingung genügen muß:

$$\frac{OA}{O\bar{E}} = \frac{O\bar{E}}{OB}\,.$$

$O\bar{E}$ ist also das geometrische Mittel der Strecken OA und OB. Wir finden $O\bar{E}$ als Höhe eines rechtwinkligen Dreiecks, dessen Hypothenusenabschnitte OA und OB sind. Wir tragen $OB_1 = OB$ auf der $c\bar{t}$-Achse ab, errichten über B_1A den Thales-Kreis und das Lot in O und finden C. Es gilt $OC = O\bar{E}$. Wir merken für später an, daß mit $E\bar{E}$ die Gerade gefunden ist, die den Winkel zwischen EA und EB nach dem in den Abbildungen 50 und 51 definierten Winkelmaß halbiert.

feststellen. Nun vertauschen wir die Rollen der Inertialsysteme Σ und $\bar{\Sigma}$. Dann ergibt sich

$$c\bar{t}(E) = c\bar{t}(A) = c\bar{t}(\bar{E})\frac{1}{\sqrt{1 - v^2}}.$$

Der Einheitspunkt auf der $c\bar{t}$-Achse markiert also das geometrische Mittel der Strecken OA und OB.

Wir zeichnen nun in Abbildung 33 den geometrischen Ort aller möglichen Einheitspunkte. Er ist eine gleichseitige Hyperbel. Gehen wir von einem Inertialsystem aus, das wir mit rechtwinkligen Achsen zeichnen, so gewinnen wir alle

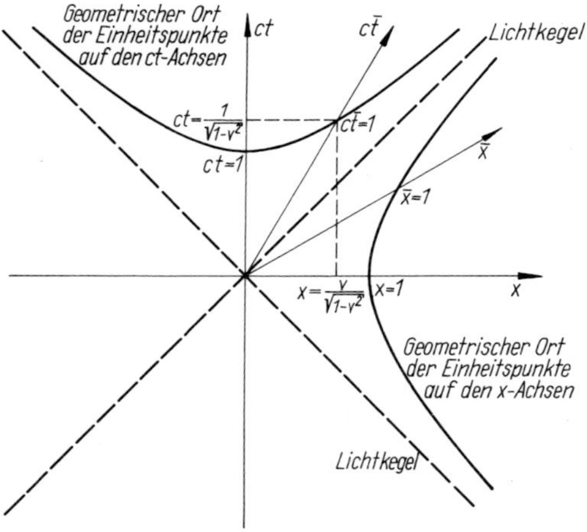

Abb. 33. Der geometrische Ort der Einheitspunkte (Eichkurve).
Die Parameterdarstellung

$$x = \frac{v}{\sqrt{1 - v^2}}, \qquad ct = \frac{1}{\sqrt{1 - v^2}}$$

läßt sich in die implizite Darstellung

$$(ct)^2 - x^2 = 1$$

umformen. Die Eichkurven sind gleichseitige Hyperbeln.

Inertialsysteme, wenn wir nach der Zeichnung der Winkelhalbierenden und der gleichseitigen Hyperbel durch den Einheitspunkt der ct-Achse eine beliebige neue $c\bar{t}$-Achse wählen. Der Einheitspunkt auf der neuen Zeitachse ist der Schnittpunkt mit der Hyperbel. Die $\bar{x}$-Achse liegt symmetrisch zur Zeitachse bezüglich der Asymptoten, wie das auch für x- und ct-Achse galt.

Wir sind nun in der Lage, die Umrechnung der Koordinaten von einem Inertialsystem in ein anderes anzugeben (Abb. 34). Diese Transformation lautet

$$\begin{aligned} \bar{x} &= \frac{x - vct}{\sqrt{1 - v^2}}, \\ c\bar{t} &= \frac{ct - vx}{\sqrt{1 - v^2}}. \end{aligned} \tag{21}$$

Sie wird nach H. A. Lorentz benannt. Sie heißt speziell, weil sie nur die Relativgeschwindigkeit erfaßt, nicht aber die räumlichen Reorientierungen. Wir beachten, daß v hier eine dimensionslose Größe bezeichnet, da alle Geschwindigkeiten von vornherein auf die Lichtgeschwindigkeit bezogen worden sind, als für die zweite Koordinate ct eingeführt worden ist. Für den Fall, daß die gewöhnliche Geschwindigkeit gemeint ist, verwenden wir den Großbuchstaben V.

Zu den Lorentz-Transformationen gehören neben den speziellen Lorentz-Transformationen die Translationen in Raum und Zeit und die Umorientierungen des räumlichen Bezugssystems. Letztere können wir in unserer Zeichenebene ohnehin nicht erfassen. Schreiben wir jetzt symbolisch für die Gleichungen (21)

$$\bar{\Sigma} = L(v)\,\Sigma\,,$$

so gilt

$$\Sigma = L(-v)\,\bar{\Sigma}\,,$$

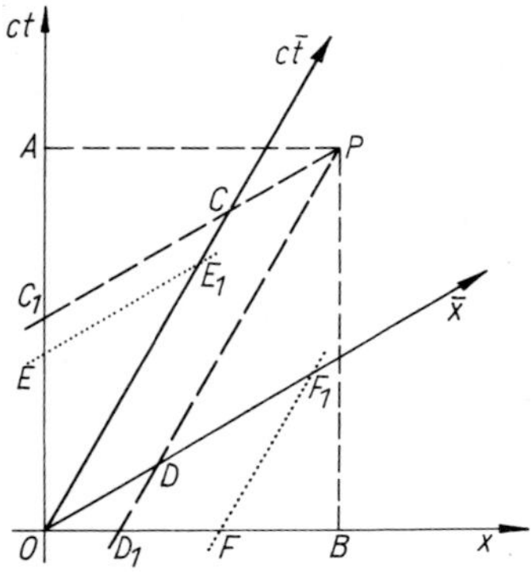

Abb. 34. Die spezielle Lorentz-Transformation.

Wir zeichnen die Achsen zweier Bezugssysteme und legen die Einheitspunkte E und F im ersten fest. Zu E und F zeichnen wir die Projektionen E_1 und F_1: EE_1 sei parallel zur $\bar{x}$-Achse, FF_1 parallel zur $c\bar{t}$-Achse. Dann gilt nach Gleichung (20)

$$\bar{x}(F_1) = c\bar{t}(E_1) = \frac{1}{\sqrt{1 - v^2}}.$$

Von einem beliebigen Punkt P zeichnen wir die Projektionen A und B auf die Achsen von Σ und die Projektionen C und D auf die Achsen von $\bar{\Sigma}$, die wir noch zur Definition von C_1 und D_1 auf den Achsen von Σ nutzen. Aus der Formel für die Relativgeschwindigkeit

$$v = \frac{D_1B}{BP} = \frac{C_1A}{OB}$$

folgt

$$\frac{c\bar{t}(P)}{c\bar{t}(E_1)} = \frac{c\bar{t}(C)}{c\bar{t}(E_1)} = \frac{ct(C_1)}{ct(E)} = ct(P) - vx(P),$$

$$\frac{\bar{x}(P)}{\bar{x}(F_1)} = \frac{\bar{x}(D)}{\bar{x}(F_1)} = \frac{x(D_1)}{x(F)} = x(P) - vct(P).$$

Schreiben wir das Argument nicht explizit, erhalten wir die bekannte Formel für die spezielle Lorentz-Transformation

$$\bar{x} = \frac{x - vct}{\sqrt{1 - v^2}}, \qquad c\bar{t} = \frac{ct - vx}{\sqrt{1 - v^2}}.$$

zu **Abb. 34.**

Benutzen wir hyperbolische Winkelfunktionen ($v = -\tanh \alpha$), so finden wir

$$c\bar{t} = ct \cosh \alpha + x \sinh \alpha\,,$$

$$\bar{x} = ct \sinh \alpha + x \cosh \alpha\,.$$

und mit

$$\bar{\bar{\Sigma}} = L(\bar{v})\,\bar{\Sigma}$$

folgt analog Gleichung (7)

$$\bar{\bar{\Sigma}} = L\left(\frac{v + \bar{v}}{1 + v\bar{v}}\right)\Sigma\,. \tag{22}$$

Das ist wieder das einsteinsche Additionstheorem der Geschwindigkeiten.

Die Formeln setzen $V < c$ voraus. $V > c$ würde bedeuten, daß die $c\bar{t}$-Achse in das Gebiet rechts der beiden Winkelhalbierenden fällt. Die beiden Signale, deren Weltlinien diese Winkelhalbierenden sind, breiteten sich dann nicht mehr rechts und links der $c\bar{t}$-Achse aus, die vorausgesetzte Isotropie der Ausbreitung dieser Signale könnte dann nicht ohne weiteres aufrechterhalten werden. Wir finden daher mit den Lorentz-Transformationen alle Inertialsysteme und können feststellen, daß die Relativgeschwindigkeit zweier Inertialsysteme immer kleiner als c ist. Damit kann sich ein Objekt, dessen innerer Aufbau Zeit- und Längenmaße liefert und das damit ein Bezugssystem realisiert (schon ein Elementarteilchen mit Ruhmasse leistet dies, wie wir gesehen haben), nicht schneller als das Licht bewegen – vorausgesetzt, das Relativitätsprinzip und das Prinzip der Isotropie der Lichtausbreitung in allen Inertialsystemen sind richtig, beschreiben die physikalische Realität adäquat.

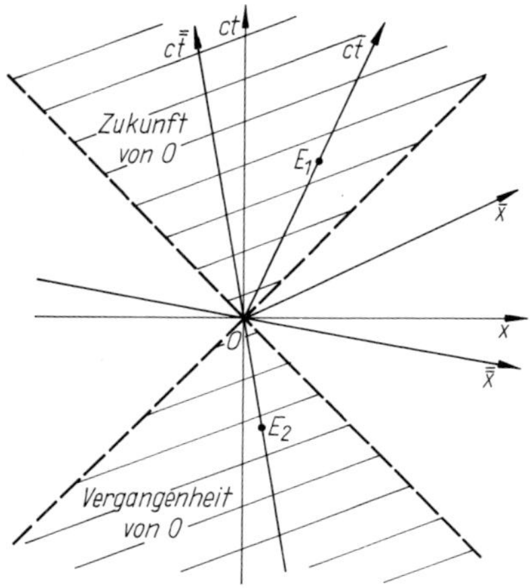

Abb. 35. Zukunft und Vergangenheit.
Zu jedem Ereignis E_1 in der Zukunft von O gibt es ein Inertialsystem, in welchem $\bar{x}(E_1) = \bar{x}(O)$ und $c\bar{t}(E_1) > c\bar{t}(O)$ ist. Die Zeitachse dieses Inertialsystems ist die Verbindungsgerade von O und E_1. Zu jedem Ereignis E_2 in der Vergangenheit von O gibt es ein Inertialsystem, in dem $\bar{\bar{x}}(E_2) = \bar{\bar{x}}(O)$ und $c\bar{\bar{t}}(E_2) < c\bar{\bar{t}}(O)$ ist.

Betrachten wir nun die durch die Winkelhalbierenden der Achsen der Inertialsysteme vermittelte Klasseneinteilung der relativen Lage zweier Ereignisse (Abb. 35). Den Ursprung O des Koordinatensystems legen wir in das eine Ereignis, das andere bezeichnen wir mit E. Liegt E in dem Bereich oberhalb der beiden Winkelhalbierenden, so gibt es immer ein Inertialsystem, in dem E die Koordinate $\bar{x} = 0$ hat, also am selben Ort wie O stattfindet. Dabei ist $c\bar{t}(E) > 0$, E ist also später als O (Abb. 35, Ereignis E_1). Liegt E unterhalb beider Winkelhalbierenden, so gibt es wieder ein Inertialsystem mit $\bar{\bar{x}}(E) = 0$, nur ist jetzt $c\bar{\bar{t}} < 0$, E findet also früher als O statt (Ereignis E_2 in Abb. 35). Liegt E oberhalb der einen, aber unterhalb der anderen Winkelhalbierenden, so gibt es immer ein Inertialsystem, in dem $ct(E) = 0$ ist, E also gleichzeitig mit O stattfindet. Es gibt dann aber ebenso

Inertialsysteme, in denen

$$c\bar{t}(E) < 0 \quad \text{bzw.} \quad c\bar{\bar{t}}(E) > 0$$

ist. Die zeitliche Reihenfolge von O und E ist daher relativ (Abb. 36).

Auf Grund dieser Ergebnisse teilen wir die Raum-Zeit in die absolute Vergangenheit zu O (die hier enthaltenen Ereignisse sind unabhängig vom Inertialsystem zeitlich früher als O), die absolute Zukunft von O (die hier enthaltenen Ereignisse sind unabhängig vom gewählten Inertialsystem später als O) und die relative Gegenwart zu O ein (Abb. 35, 36). Liegt ein Ereignis in der absoluten Zukunft oder der absoluten Vergangenheit eines anderen, so heißen beide zeitartig zueinander gelegen. In Abbildung 35 liegen E_1 und E_2 zeitartig zu O. Liegt ein Ereignis in der relativen Gegenwart des anderen, so heißen beide raumartig zueinander gelegen. In Abbildung 36 liegen E und O raumartig

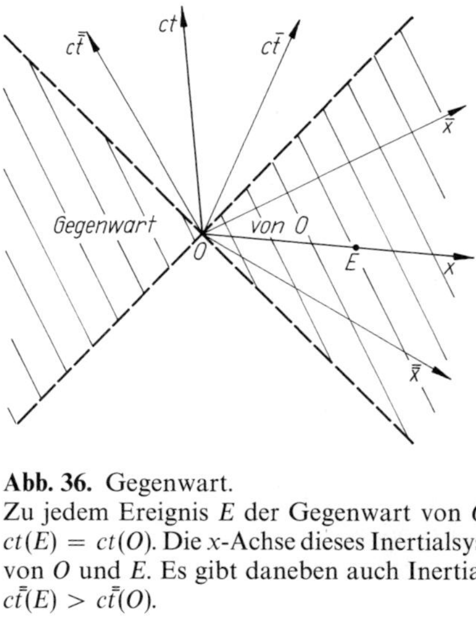

Abb. 36. Gegenwart.
Zu jedem Ereignis E der Gegenwart von O gibt es ein Inertialsystem mit $ct(E) = ct(O)$. Die x-Achse dieses Inertialsystems ist die Verbindungsgerade von O und E. Es gibt daneben auch Inertialsysteme mit $c\bar{t}(E) < c\bar{t}(O)$ und $c\bar{\bar{t}}(E) > c\bar{\bar{t}}(O)$.

zueinander. Übrig bleibt der Fall, daß zwei Ereignisse jeweils auf den Winkelhalbierenden der Achsen der Inertialsysteme liegen, die in den beiden Ereignissen errichtet werden können. Dann heißen beide lichtartig zueinander gelegen. Die zu *O* lichtartig gelegenen Ereignisse werden durch die Punkte auf den Winkelhalbierenden dargestellt, die die Weltlinien der von *O* ausgehenden Lichtsignale darstellen und mit dem Begriff Lichtkegel bezeichnet werden. Das Wort Kegel bezieht sich dabei auf die Struktur dieser Ereignismenge in der vierdimensionalen Raum-Zeit, wie schon in Abschnitt 5 bemerkt.

Weltlinien, deren sämtliche Ereignisse zueinander zeitartig liegen, heißen zeitartig. Vektoren, die die Richtung einer zeitartigen Weltlinie haben, heißen zeitartig. Entsprechend werden lichtartige und raumartige Vektoren und Weltlinien definiert.

Wir betrachten nun zwei Ereignisse *A* und *B* auf der Weltlinie eines physikalischen Objekts. Liegt *B* raumartig zu *A*, dann ist die zeitliche Reihenfolge von *B* und *A* abhängig vom Bezugssystem, außerdem existiert ein Inertialsystem, in dem *A* und *B* gleichzeitig sind, das Objekt sich also an mehreren Punkten des Raums zugleich befindet. Das muß ausgeschlossen sein. Auf der Weltlinie eines realen Objekts dürfen zwei raumartig zueinander gelegene Ereignisse nicht auftreten. Weltlinien, auf denen alle Punktepaare zeitartig oder lichtartig zueinander liegen, heißen kinematisch kausal. Kinematisch kausale Bewegungen sind nie schneller als das Licht.

Wir schließen den Abschnitt mit einer Zusammenfassung unserer Argumentation mit dem Relativitätsprinzip:

1. Das Relativitätsprinzip erzwingt wegen der beobachteten Isotropie der Lichtausbreitung (die Isotropie zeichnet kein Inertialsystem vor anderen aus)
   - die Relativität der Gleichzeitigkeit,
   - die Existenz des Lichtkegels,
   - die Lage der Koordinatenachsen und ihre relative Eichung,

- die Bestimmung der Relativgeschwindigkeit als Doppelverhältnis,
- die Reziprozität der Geschwindigkeiten als Antisymmetrie dieses Doppelverhältnisses,
- das Additionstheorem der Geschwindigkeiten als Kettenregel dieses Doppelverhältnisses.

2. Da das Relativitätsprinzip auch für die Dynamik (in der einfachsten Form für die Funktion $m(v)$) gelten muß, impliziert es
   - die Massenveränderlichkeit und die Form der Eichkurve,
   - die Lorentz-Transformation zwischen den Inertialsystemen.

7. Die Geometrie der Raum-Zeit: Grundlagen

Bevor wir dazu übergehen, uns mit den Konsequenzen zu beschäftigen, die aus dem Relativitätsprinzip folgen, das wir entsprechend der festgestellten Isotropie der Lichtausbreitung in allen Inertialsystemen beibehalten wollen, schieben wir einen geometrischen Vergleich der galileischen und der neuen, einsteinschen Kinematik mit der euklidischen Geometrie der Ebene ein.

Die der einsteinschen Kinematik entsprechende Geometrie wird nach ihrem Schöpfer Minkowski genannt. Der Name Minkowski taucht in der Geometrie noch an anderer Stelle auf, wo er mit den konvexen Flächen verbunden ist. Wir verstehen hier unter Minkowski-Geometrie immer die pseudoeuklidische Geometrie der Raum-Zeit-Union der speziellen Relativitätstheorie.

Alle sich auf diese Geometrie beziehenden Begriffe werden im folgenden durch den Buchstaben M bezeichnet. Im Gegensatz dazu charakterisieren wir die der galileischen Kinematik entsprechende Geometrie mit dem Buchstaben G und die euklidische Geometrie mit dem Buchstaben E. Steht dieser Buchstabe nicht, so soll unter dem jeweiligen Begriff immer der gewöhnliche euklidische Begriff verstanden werden.

Zur einsteinschen wie zur galileischen Kinematik gehören Geometrien, die nicht euklidisch sind, aber dennoch anders als die Geometrien, die man gewöhnlich mit der Bezeichnung „nichteuklidisch“ belegt. Letztere sind Geometrien, in denen das Parallelenaxiom der euklidischen Geometrie außer Kraft gesetzt ist, und beschreiben gekrümmte Räume. In der M-Geometrie und der G-Geometrie gilt das Parallelenaxiom der euklidischen Geometrie, dafür haben die Kongruenzaxiome eine andere Form, weil sie sich auf andere Bewegungen beziehen. Insgesamt kann man neun Geometrien in der Ebene unterscheiden. In drei dieser Geometrien gilt das Parallelenaxiom, diese drei sind die oben betrachteten und interessieren uns hier.

In diesem Abschnitt erschließen wir die geometrischen Begriffe der M-Geometrie und der G-Geometrie aus der entsprechenden Kinematik. Das bedeutet aber nicht, daß wir diese Geometrien in irgendeiner Form beweisen. Das gegebene geometrische System erhält nicht das Prädikat „wahr", sondern das Prädikat „anwendbar" zur Beschreibung der jeweils vorliegenden Kinematik. Das Prädikat „wahr" wäre zudem generell unsachgemäß. Die innere Eigenschaft einer Geometrie kann nur mit dem Prädikat „widerspruchsfrei" belegt werden.

Wenn wir die zu den Galilei-Transformationen und die zu den Lorentz-Transformationen gehörende Kinematik als Geometrie verstehen wollen, dann müssen wir die Grundbegriffe der Geometrie in einer Form darstellen, die sich auf diese Transformationen übertragen läßt. Dazu erinnern wir uns, daß aller ebenen Geometrie der Begriff der Spiegelung zugrundeliegt. Hat man aber erst einmal die Spiegelung allgemein festgelegt, kann man alle anderen Begriffe aus ihr ableiten. Dies ist in dem Buch von G. BACHMANN ausführlich dargelegt.

Das erste Phänomen in diesem Zusammenhang ist die Tatsache, daß sich Spiegelung und rechter Winkel immer aufeinander beziehen:

> Eine Spiegelung ist eine geradentreue Abbildung, bei der die Verbindungsgerade jedes Punktes mit seinem Spiegelbild die Bezugsgerade senkrecht schneidet und die Verbindungsstrecke von ihr halbiert wird.
>
> Zwei Geraden stehen senkrecht aufeinander, wenn das Spiegelbild der ersten Geraden an der zweiten wieder mit der ersten zusammenfällt.

Wir stehen hier vor dem typischen Fall, daß eins von beiden, Spiegelung oder Lot, erfunden werden muß, und erst dann das andere daraus hergeleitet werden kann. Wir wollen dieses axiomatisch genannte Setzen für die Spiegelung untersuchen und dann versuchen, alle anderen geometrischen Begriffe abzuleiten. Dazu betrachten wir parallel die euklidische Ebene, den Fahrplan mit galileischer und den mit einsteinscher Kinematik.

In der euklidischen Ebene ist die Spiegelung geradentreu, winkeltreu, längentreu und flächentreu (Abb. 37). Das Spiegelbild einer Geraden an einer anderen ist wieder eine

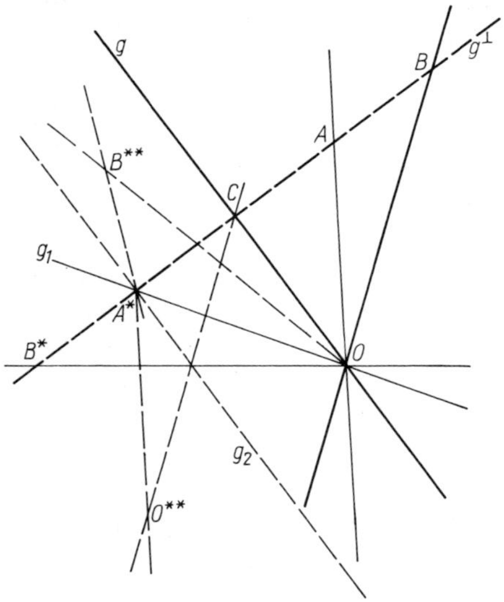

Abb. 37. Spiegelung in der euklidischen Geometrie.
Die Punkte A und B wie die Geraden a und b werden an g gespiegelt. Bei der Spiegelung geht $g^\perp$ in sich selbst über. Inzidenzrelationen (A liegt auf a etc.) bleiben erhalten.
Spiegeln wir ABC erst an g, dann an g_1, ergibt sich eine Drehung um den Schnittpunkt beider Geraden. Spiegeln wir erst an g, darauf an g_2, ergibt sich eine Verschiebung. Im projektiven Sinne sind Verschiebungen Drehungen um einen unendlich fernen Punkt.

Gerade. Fallen Urbild und Bild zusammen (Gerade $g^{\perp}$ in Abbildung 37), heißt die Gerade $g^{\perp}$ senkrecht auf der spiegelnden Geraden g. Auf einer solchen Geraden $g^{\perp}$ bleiben die Längen sichtbar erhalten: Das Intervall AB ist in das Intervall B^*A^* verschiebbar. Aber auch alle anderen Längen bleiben erhalten, so ist die Länge von OA gleich der von OA^* usw. Das Spiegelbild eines Winkels hat die gleiche Größe wie der abgebildete Winkel, so gilt $\sphericalangle AOB = \sphericalangle B^*OA^*$. Die Fläche des Spiegelbildes ist gleich der Fläche der Ausgangsfigur, wie dies für die Dreiecke $\triangle AOB$ und $\triangle B^*OA^*$ gilt. Wir kennen dies alles aus unmittelbarer Anschauung und Schulunterricht, wollen es nun aber auf die ungewohnte Geometrie der Raum-Zeit anwenden.

Jede Gerade im Fahrplan beschreibt die Geschichte eines Beobachters, ist Zeitachse seines Ruhsystems. Spiegelung an

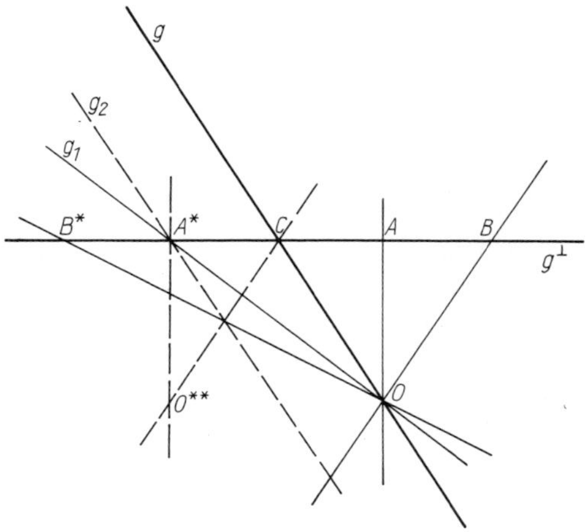

Abb. 38. Spiegelung im Fahrplan.
Die Gerade g ist Weltlinie eines Beobachters, der im Ereignis C die gleichzeitigen Ereignisse A und B sieht und die Spiegelbilder in A^* bzw. B^*. $g^{\perp}$ wird in sich selbst gespiegelt und steht deshalb senkrecht auf allen anderen Geraden.

einer solchen Geraden soll schlicht Spiegelung der Raumkoordinate in seinem Ruhsystem bedeuten (Abb. 38). Für die galileische Kinematik heißt das: Das Ereignis A ist gleichzeitig zum Ereignis C auf der spiegelnden Geraden, das Spiegelbild hat dann zum Ereignis C den Abstand CA und findet zur gleichen Zeit statt. Entsprechend sind B und B^* Spiegelbilder voneinander.

Was ist das für eine Spiegelung? Sie führt auf die Geometrie, die wir nach I. M. Jaglom die Galilei-Geometrie nennen. In Übertragung der Dinge, die wir in Analogie zur euklidischen Geometrie von einer Spiegelung erwarten, erhalten wir ihre grundlegenden Eigenschaften:

1. Die Parallelen zur x-Achse werden immer in sich selbst gespiegelt. Sie sind also G-senkrecht auf allen anderen Geraden. Jedes Lot ist eine Parallele zur x-Achse.
2. Die Flächen der Dreiecke $\triangle\, COA$ und $\triangle\, A^*OC$ sind G-gleich. Da sie ersichtlich auch E-gleich sind, sehen wir, daß sich in der Galilei-Geometrie das Flächenmaß nicht von dem der gewöhnlichen Geometrie unterscheidet.
3. Die Strecken OA und OA^* haben die gleiche G-Länge: Die Länge einer Strecke auf einer gewöhnlichen Geraden wird damit durch deren Zeitkomponente allein gemessen. Auf den besonderen Geraden, den Parallelen zur x-Achse, haben alle Punkte in diesem Sinne den Abstand Null. Allerdings kann man einen Hilfsabstand bestimmen, den räumlichen Abstand. Dieser ist aber ausschließlich auf den Parallelen zur x-Achse ein bezugssystemunabhängiges, und dies heißt geometrisches Objekt: Sind nämlich zwei Ereignisse (etwa O und A) nicht gleichzeitig, dann gibt es immer ein Bezugssystem, in dem ihr räumlicher Abstand Null ist. Der Wert des räumlichen Abstands sagt daher nichts über die gegenseitige Lage der Ereignisse aus, falls diese nicht gleichzeitig sind.
4. Die Winkel $\sphericalangle\, COA$ und $\sphericalangle\, COA^*$ sind entgegengesetzt gleich. Der Winkel wird also nicht mehr mit dem Bogen eines Kreises gemessen, sondern durch den Hilfsabstand

auf einer Parallelen zur x-Achse. Das ist nach Punkt 2 kein Wunder mehr: Dort haben wir ja gesehen, daß die Kurven konstanten Abstandes von einem Punkt eben die Parallelen zur x-Achse, d. h. die Kurven gleicher Zeitdistanz sind.

5. Zu zwei Geraden läßt sich immer eine dritte finden, an der die eine in die andere gespiegelt wird. Es gibt nur eine Ausnahme: Ist nämlich die eine parallel zur x-Achse, die andere aber nicht, dann stehen sie ja G-senkrecht aufeinander, und können hier nicht Spiegelbilder voneinander sein. Zwei Ereignisse können genau dann Spiegelbilder voneinander sein, wenn sie gleichzeitig sind, d. h., auf einer Parallelen zur x-Achse liegen.

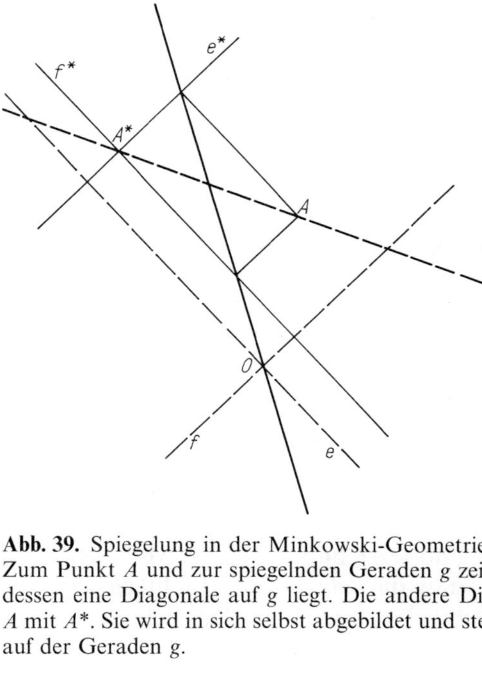

Abb. 39. Spiegelung in der Minkowski-Geometrie.
Zum Punkt A und zur spiegelnden Geraden g zeichnen wir das Lichteck, dessen eine Diagonale auf g liegt. Die andere Diagonale verbindet dann A mit A^*. Sie wird in sich selbst abgebildet und steht deshalb M-senkrecht auf der Geraden g.

Versuchen wir nun unser Glück mit der einsteinschen Kinematik. Sie führt uns auf die Minkowski-Geometrie. Die Konstruktion der G-Geometrie können wir nicht verwenden, weil wir Gleichzeitigkeit zunächst nicht definiert haben. Wir gehen zur Bestimmung der Spiegelung direkt von der Isotropie der Lichtausbreitung aus: An welcher Geraden wir auch immer spiegeln, die Geraden, die die Lichtausbreitung darstellen, werden immer ineinander gespiegelt (Abb. 39). An jeder Geraden durch O liegen die Geraden e und f spiegelbildlich zueinander. Das reicht aus, das Spiegelbild eines Ereignisses an einer Geraden durch O zu finden: Durch den Punkt A ziehen wir die Parallelen zu e und f. Deren Spiegelbilder sind e^* und f^*. Der Schnittpunkt muß A^* sein. Wir nennen eine solche Figur aus zwei Parallelenpaaren zu e und f Lichteck. Ein Lichteck ist durch eine seiner Diagonalen bestimmt. Lichtecke werden in vielen unserer Konstruktionen eine wichtige Rolle spielen. Wir sehen:

1. Die Verbindungsgerade der Punkte A und A^* wird durch die Gerade g in sich selbst gespiegelt, sie steht daher M-senkrecht auf g. Zwei Geraden, die aufeinander M-senkrecht stehen, sind Diagonalen eines Lichtecks. Umgekehrt stehen Diagonalen eines Lichtecks immer M-senkrecht aufeinander. Lassen wir eine Seite des Lichtecks immer kleiner werden, sehen wir, daß die besonderen Geraden e bzw. f auf sich selbst senkrecht stehen.
2. Die Dreiecke $\triangle COA$ und $\triangle A^*OC$ haben gleiche E-Fläche und müssen nach unserem Verständnis der Spiegelung nun auch gleiche M-Fläche haben. Wie in der G-Geometrie gibt es keine Unterschiede im Flächeninhalt.
3. Die Strecken OA und OA^* haben gleiche M-Länge. Wir zeigen zunächst, daß die Fläche des Lichtecks zu OA gleich der des Lichtecks zu OA^* ist. Danach zeigen wir, daß es zu zwei Punkten, deren Lichtecke mit O gleichen

Flächeninhalt haben, immer eine Gerade gibt, zu der sie spiegelbildlich liegen (Abb. 40). Die Fläche des Lichtecks um O und P ist also eine Funktion des M-Abstands von P zu O (wegen der Dimension das Quadrat des M-Abstands).

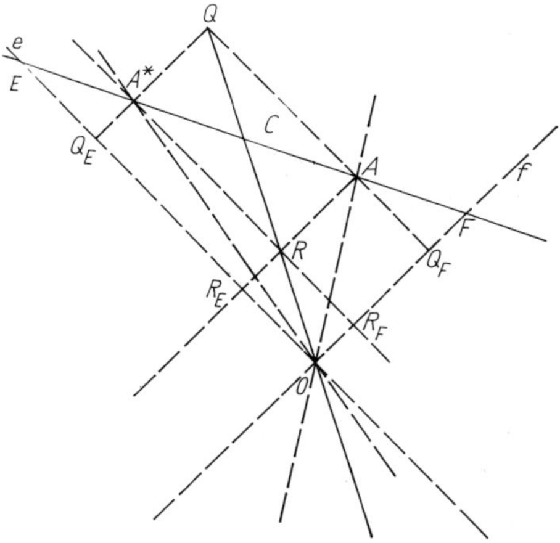

Abb. 40. Zur Bestimmung der M-Länge.
Der Punkt A^* sei Spiegelpunkt von A an der Geraden g. Dann ist wegen $CA = A^*C$ und $EC = CF$ auch $EA^* = AF$, und die Flächen der Dreiecke $\triangle\, EOA^*$ und $\triangle\, AOF$ sind gleich. Da die Dreiecke $\triangle\, EQ_EA^*$ und $\triangle\, AQ_FF$ ebenfalls gleich sind, sind die Dreiecke $\triangle\, Q_EOA^*$ und AOQ_F flächengleich. Die Lichtecke über OA und OA^* sind flächengleich, wenn A^* Spiegelpunkt von A an einer Geraden durch O ist.
Ist umgekehrt die Fläche der Lichtecke über OA und OA^* gleich (und liegen A und A^* beide in der Zukunft von O, beide in der Vergangenheit oder beide in der Gegenwart von O), dann konstruieren wir zunächst Q, Q_E, Q_F, R_E, R_F und R. Ist nun $A^*Q_E \cdot Q_EO = AQ_F \cdot OQ_F$, so ist auch $A^*Q_E \cdot Q_ER_E = AQ_F \cdot R_RQ_F$. Damit liegt R auf OQ, und OQ spiegelt A in A^*.
Flächengleichheit der Lichtecke ist damit identisch mit Gleichheit der M-Länge, weshalb die M-Länge proportional der Wurzel der Lichteckfläche definiert werden kann.

4. Die Winkel $\sphericalangle\, COA$ und $\sphericalangle\, COA^*$ sind im M-Maß entgegengesetzt gleich. Die Maßzahl ist das Doppelverhältnis: Wenn wir einen Winkel $\sphericalangle\, BOA$ in den Winkel $\sphericalangle\, B^*OA^*$ spiegeln, dann lesen wir an den Schnittpunkten mit einer zur spiegelnden Geraden lotrechten Geraden sofort ab, daß sich das Doppelverhältnis

$$(e, f, a, b) = \frac{ea}{eb} : \frac{fa}{fb} = \frac{eb^*}{ea^*} : \frac{fb^*}{fa^*} = \frac{1}{(e, f, a^*, b^*)}$$

in sein Reziprokes wandelt, der Logarithmus also nur das Vorzeichen wechselt. Andererseits, haben wir zwei Winkel, deren Schenkel mit den Richtungen e und f das jeweils reziproke Doppelverhältnis bilden, dann suchen wir eine Gerade, die die im Doppelverhältnis an der dritten Stelle stehenden Geraden ineinander spiegelt, und finden, daß sie dies dann auch für die beiden Geraden an der vierten Stelle leistet, also beide Winkel ineinander spiegelt. Daß sich die Logarithmen der Doppelverhältnisse addieren, haben wir schon bei der Diskussion des Additionstheorems der Geschwindigkeiten gesehen.
5. Zu zwei Geraden a und a^* läßt sich genau dann eine Spiegelung findet, die beide ineinander überführt, wenn sie beide zeitartig oder beide raumartig sind, d. h., wenn ihr Doppelverhältnis mit den beiden ausgezeichneten Richtungen durch ihren Schnittpunkt positiv ist. Wir finden die spiegelnde Gerade und die zu ihr M-senkrechte Richtung als Fixgeraden der Involution, die von den Geradenpaaren ef und aa^* definiert wird. Zwei Punkte können genau dann ineinander gespiegelt werden, wenn sie nicht lichtartig zueinander liegen, d. h., ihre Verbindungsgerade nicht eine der beiden ausgezeichneten Richtungen hat.

Was muß eine Abbildung leisten, damit sie ganz abstrakt als Spiegelung angesehen werden kann? Es muß eine lineare, d. h. geradentreue Abbildung sein, sie muß Geraden auf

Geraden abbilden. Dazu muß es eine Abbildung sein, die das Bild selbst wieder in das Urbild spiegelt: Ist ein Punkt *A* Spiegelbild von *B*, so ist auch *B* Spiegelbild von *A*. Man kann zeigen, daß diese beiden Voraussetzungen noch nicht ausreichen, eine konsistente Geometrie zu entwickeln. Es muß auch noch gefordert werden, daß mit der fraglichen Abbildung sich in jedem Dreieck die Mittelsenkrechten in einem Punkte schneiden. Das ist nötig, damit die Gleichheit der über die Spiegelung definierten Abstände auch verkettbar (transitiv) ist. Wir „beweisen" den Satz vom gemeinsamen Schnittpunkt der drei Mittelsenkrechten eines Dreiecks in der Schule gerade mit dieser Verkettbarkeit (Abb. 41).

Für die G-Geometrie ist die Antwort auf die Frage nach dem gemeinsamen Schnittpunkt der Mittelsenkrechten eines Dreiecks billig: Alle Lote, also auch die Mittelsenkrechten eines Dreiecks, sind Parallelen zu ein und derselben Geraden, schneiden sich also alle im gleichen (unendlich fernen) Punkt. Für die M-Geometrie müssen wir allerdings

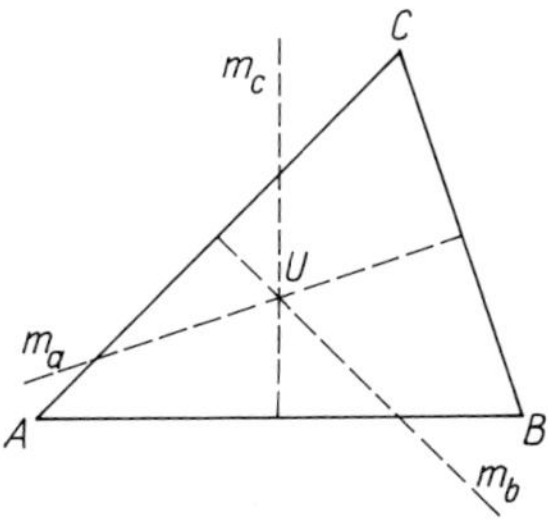

Abb. 41. Der Schnittpunkt der Mittelsenkrechten in der euklidischen Geometrie.
Wir bestimmen die Mittelsenkrechten nach dem üblichen Verfahren. Dann sind die Punkte von m_a gleich weit von *B* und *C* entfernt, die Punkte von m_b gleich weit von *A* und *C*. Für ihren Schnittpunkt *U* gilt deshalb einerseits $UB = UC$, andererseits $UC = UA$. Wegen der Verkettbarkeit (Transitivität) der Gleichheit schließen wir $UA = UB$, d. h., *U* liegt auch auf der Mittelsenkrechten m_c.

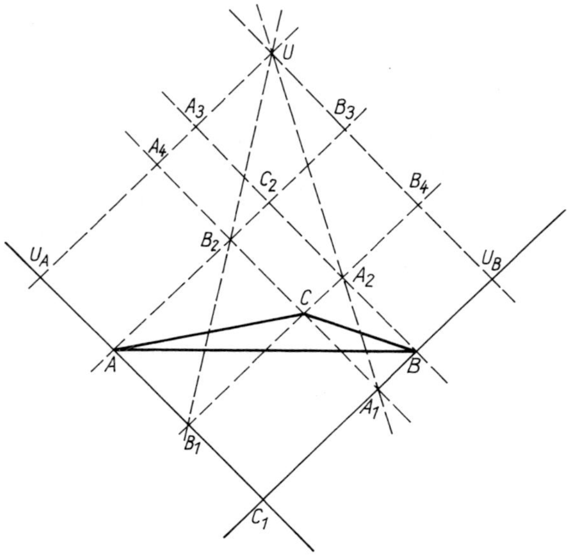

Abb. 42. Der Schnittpunkt der Mittelsenkrechten in der Minkowski-Geometrie.

Zu den drei Seiten eines Dreiecks $\triangle ABC$ zeichnen wir die Lichtecke AB_1CB_2, CA_1BA_2 und AC_1BC_2. Die Mittelsenkrechten auf AC und BC sind dann durch B_1B_2 und A_1A_2 gegeben und schneiden sich in U. Die drei Mittelsenkrechten schneiden sich genau dann in einem Punkt, wenn C_2 auf der Diagonalen C_1U liegt. Im Lichteck $UU_AB_1B_4$ gilt, daß die Ergänzungslichtecke $\triangle A_4U_AAB_2$ und $\triangle B_2B_3B_4C$ flächengleich sind, und im Lichteck $UA_4A_1U_B$ sind die Ergänzungslichtecke $A_3A_4CA_2$ und $BA_2B_4U_B$ flächengleich. Nun gilt aber

$$A_3U_AAC_2 - C_2B_3U_BB = A_4U_AAB_2 - B_2B_3B_4C + A_3A_4CA_2 - BA_2B_4U_B = 0\,,$$

das heißt, C_2 liegt wirklich auf der Diagonalen C_1U, wie es auch sein muß, soll unsere Definition der M-Spiegelung auf einen mit der Verkettbarkeit der Gleichheit verträglichen M-Abstand führen.

eine genauere Untersuchung anstellen (Abb. 42). Wir können auf sie nur verzichten, wenn wir uns an die arithmetische Darstellung der M-Länge als Fläche des entsprechenden Lichtecks erinnern. Die arithmetische Darstellbarkeit führt die konstruktive Verkettbarkeit direkt auf die Verkettbarkeit der arithmetischen Gleichheit zurück. Dies erinnert uns daran, daß die Widerspruchsfreiheit der Geometrie heute generell auf die Widerspruchsfreiheit arithmetischer Modelle gegründet wird.

8. Die Geometrie der Raum-Zeit: Bewegungen

Schneiden sich zwei Geraden in einem Punkt O, und spiegeln wir erst an der einen, darauf an der anderen Geraden, ergibt sich eine Drehung um den Punkt O. Schneiden sich die beiden Geraden nicht, ergibt sich eine Verschiebung. Damit sind alle geometrischen Bewegungen in der Ebene auf die Spiegelung zurückgeführt. Zwei Figuren heißen kongruent, wenn sie durch Bewegungen aufeinander abgebildet werden können.

Die elementare Vorstellung von der Kongruenz bezeichnet zwei geometrische Figuren, die auf dem Papier gezeichnet sind, als kongruent, wenn die eine mit der anderen genau überdeckt werden kann, nachdem jene ausgeschnitten und entsprechend bewegt worden ist. Wir wollen hier nicht auf die Schwierigkeiten einer einwandfreien Definition eingehen, sondern gleich zu einer im weiteren verwendbaren Variante übergehen. Zwei Figuren A und B sind kongruent, wenn ein Koordinatensystem Σ^* existiert, in dem B die

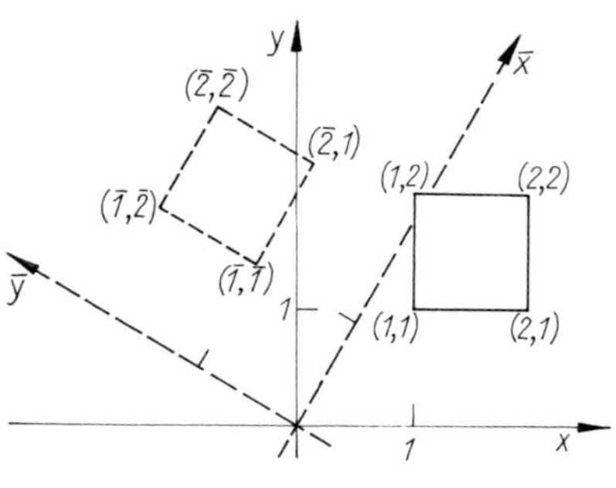

Abb. 43. Kongruente Figuren in der euklidischen Geometrie

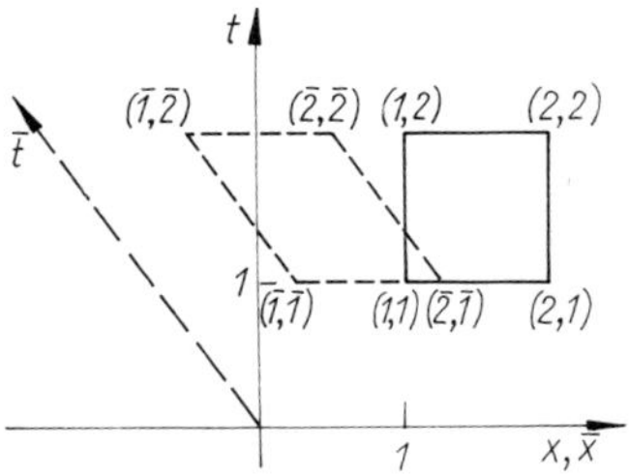

Abb. 44. Kongruente Figuren in der galileischen Geometrie

gleichen numerischen Koordinatenwerte erhält, wie sie A in Σ hat (Abb. 43, 44, 45).

In der euklidischen Geometrie sind dann gerade Koordinatentransformationen der Form

$$\bar{t} = \frac{t + vx}{\sqrt{1 + v^2}}, \qquad \bar{x} = \frac{x - vt}{\sqrt{1 + v^2}}$$

erlaubt. v ist hierbei der Anstieg der $\bar{t}$-Achse gegen die t-Achse im Bezugssystem Σ. Wenn wir v durch den euklidi-

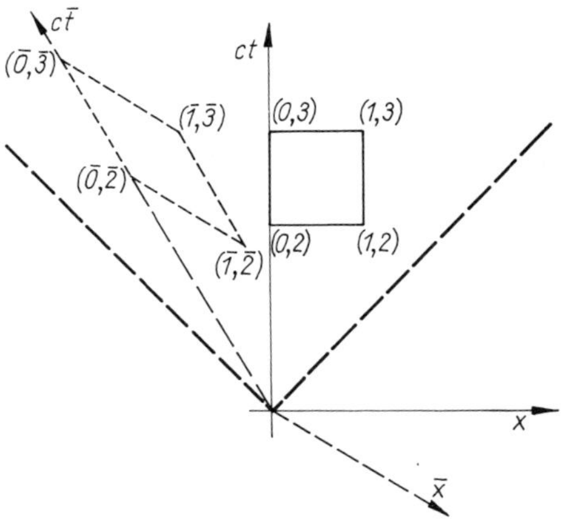

Abb. 45. Kongruente Figuren in der minkowskischen Geometrie

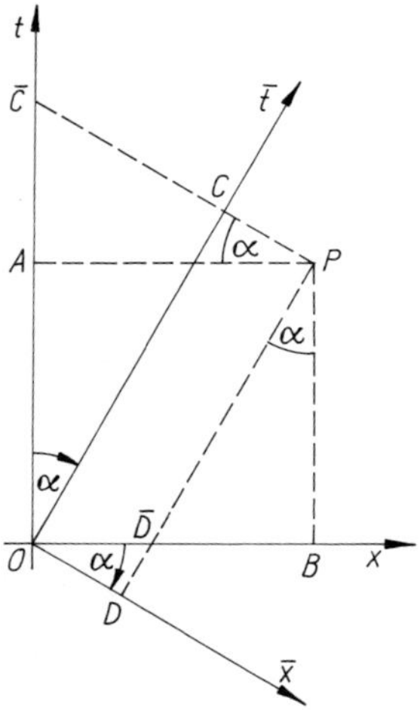

Abb. 46. Die euklidische Drehung.

Wir zeichnen zwei rechtwinklige, gegeneinander um den Winkel α (in unserer Zeichnung $\alpha < 0$) verdrehte Achsenkreuze, nennen $v = C\bar{C}/OC$ entsprechend der bisher geübten Sprechweise und fällen vom untersuchten Punkt P die Lote auf die vier Achsen. Wir finden A, B, C, D, $\bar{C}$ und $\bar{D}$. Aus $C\bar{C} = v \cdot OC$ resp. $D\bar{D} = v \cdot OD$ folgt

$$\frac{O\bar{C}}{OC} = \sqrt{1 + v^2}, \qquad \frac{O\bar{D}}{OD} = \sqrt{1 + v^2}.$$

Andererseits ist aber $O\bar{C} = OA + v \cdot AP = OA + v \cdot OB$ und $O\bar{D} = OB + v \cdot PB = OB - v \cdot OA$. Wir finden also

$$\bar{x}(P) = OD = \frac{1}{\sqrt{1 + v^2}} (x(P) - v \cdot t(P)),$$

$$\bar{t}(P) = OC = \frac{1}{\sqrt{1 + v^2}} (v \cdot x(P) + t(P)).$$

Benutzen wir trigonometrische Funktionen ($v = -\tan \alpha$), so lauten diese Formeln

$$\bar{x} = x \cos \alpha + t \sin \alpha, \qquad \bar{t} = t \cos \alpha - x \sin \alpha.$$

schen Winkel α kennzeichnen, so erhalten wir die bekannte Form (Abb. 46)

$$\bar{t} = t \cos\alpha - x \sin\alpha ,$$

$$\bar{x} = t \sin\alpha + x \cos\alpha . \tag{24}$$

Wir sehen, daß in beiden Fällen die Koeffizienten a_{11}, a_{12}, a_{21} und a_{22} der linearen Transformation (1) Funktionen eines Parameters (v bzw. α) sind, den man willkürlich wieder als Funktion eines anderen Parameters ansetzen kann. Der Übergang von (23) zu (24) geschieht in dieser Weise durch die Substitution

$$v = -\tan\alpha . \tag{25}$$

Läßt sich nun einer der möglichen Parameter dank seiner geometrischen Bedeutung vor den anderen auszeichnen? Eine solche Möglichkeit ist gegeben, wenn man das Additionstheorem des Parameters bei Zusammensetzung zweier Transformationen entsprechend (9) betrachtet. Wir nennen allgemein denjenigen Parameter Winkel, dessen Additionsgesetz

$$f(p_1, p_2) = p_1 + p_2 \tag{26}$$

lautet. Der in (24) gewählte Winkel α erfüllt diese Voraussetzung.

In einem gegebenen Bezugssystem kann jedem Strahl durch den Ursprung der Parameter zugeschrieben werden, der in die Transformation (23) oder (24) eingesetzt werden muß, damit dieser Strahl identisch mit der neuen t-Achse wird. Betrachten wir nun zwei Strahlen S_1 und S_2 durch O (Abb. 47). Die Transformation, die S_1 zur t-Achse macht, also „S_1 in die Lage von S_0, der ursprünglichen t-Achse, überführt“, sei $T(\alpha_1)$. Die Transformation, die S_2 in die Lage von S_0 überführt, sei $T(\alpha_2)$. Die Transformation, die nun S_2 in S_1 überführt, ist dann

$$T_{21} = T^{-1}(\alpha_1)\, T(\alpha_2) .$$

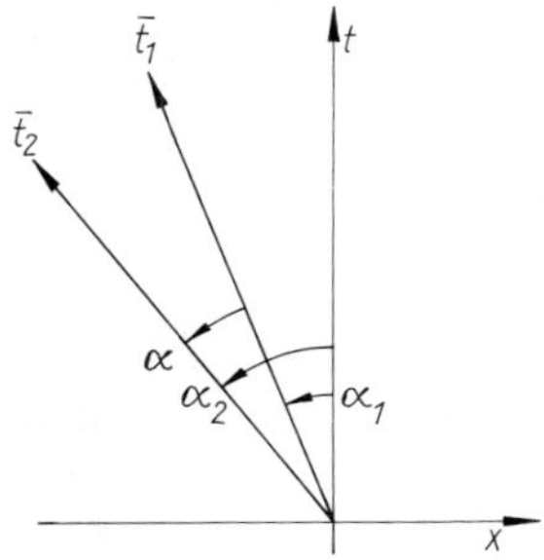

Abb. 47. Zur Definition des Winkels. I

Ist α ein additiver Parameter, d. h., gilt die Beziehung (26), so ist

$$T_{21} = T(\alpha_2 - \alpha_1) = T(\alpha),$$

und der Wert $\alpha = \alpha_2 - \alpha_1$ ist unabhängig von der Wahl des Bezugsstrahls S_0. Wir erhalten das Ergebnis: Die relative Lage zweier Strahlen ist durch den Winkel $\alpha = \alpha_2 - \alpha_1$ unabhängig von der Lage eines Bezugsstrahls gegeben, wenn α der additive Parameter der Transformationen ist, mit denen die Koordinatenachsen relativ zu den geometrischen Figuren bewegt werden.

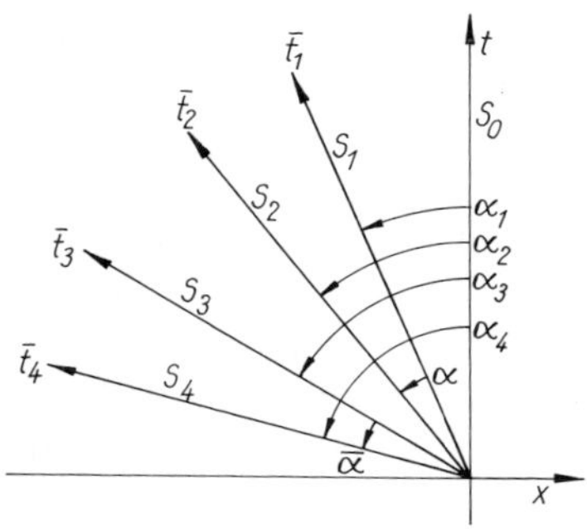

Abb. 48. Zur Definition des Winkels. II

Sind zwei Winkel gegeben (Abb. 48), so führt die Transformation $T(\alpha_3 - \alpha_1)$ den Strahl S_3 in S_1 und $T(\alpha_4 - \alpha_2)$ den Strahl S_4 in S_2 über. Die Winkel sind kongruent, wenn die gleiche Transformation S_3 in S_1 und auch S_4 in S_2 überführt, also

$$\alpha_3 - \alpha_1 = \alpha_4 - \alpha_2$$

oder

$$\alpha_4 - \alpha_3 = \bar{\alpha} = \alpha = \alpha_2 - \alpha_1$$

ist. Zwei Winkel sind kongruent, wenn das durch den additiven Parameter der Transformation gegebene Winkelmaß gleich ist.

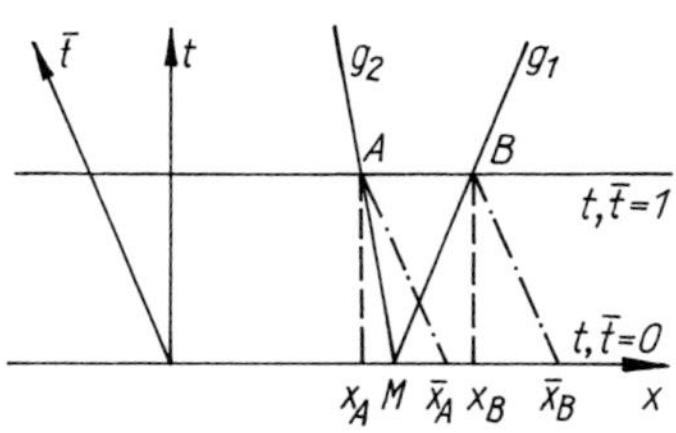

Abb. 49. Zur Definition des Winkels in der galileischen Geometrie.
Die Größe

$$\alpha_{12} = -\frac{x_B - x_A}{t_B - t_M}$$

ist unabhängig vom Bezugssystem und ist additiv für benachbarte Winkel. Sie stellt daher ein geeignetes Winkelmaß dar.
Wir orientieren die Winkel wie in der euklidischen Geometrie, d. h. derart, daß der Winkel von g_2 gegen g_1 positiv und der Winkel von g_1 gegen g_2 negativ ist. Interpretieren wir g_1 und g_2 als Zeitachsen von Bezugssystemen Σ_1 und Σ_2, so finden wir, daß der Winkel von g_1 gegen g_2 gleich dem Negativen der Relativgeschwindigkeit von Σ_1 gegen Σ_2 ist.

Mit diesem Ergebnis würden wir wieder die gleichen Winkelmaße wie im vorangegangenen Kapitel bekommen, nur ist der Winkel nun die entsprechende Differenz der additiven Parameter der Transformationen (6) bzw. (21). In der G-Geometrie ist folglich der Winkel mit der Relativgeschwindigkeit selbst identisch, da hier die Relativgeschwindigkeit einen additiven Parameter darstellt (Abb. 16, 49). In der M-Geometrie ist der Winkel durch den Logarithmus des Doppelverhältnisses der zwei Strahlen mit den beiden Asymptoten im Scheitel gegeben. Der Logarithmus setzt sich additiv zusammen, weil das Doppelverhältnis einen multiplikativen Parameter darstellt (Abb. 28, 50, 51).

In allen drei Fällen kann man zeigen, daß der so definierte Winkel proportional der Fläche zwischen den beiden Strahlen und der Kurve mit dem Abstand 1 vom Scheitel ist. Diese Fläche ist ersichtlich additiv, sie ist aber auch unabhängig von der Lage eines Bezugsstrahls, weil alle drei Transformationen (24), (6) und (21) Flächen unverändert lassen, d. h., flächentreu sind. Die durch die Gleichungen (1) beschriebene Transformation ist genau dann flächentreu,

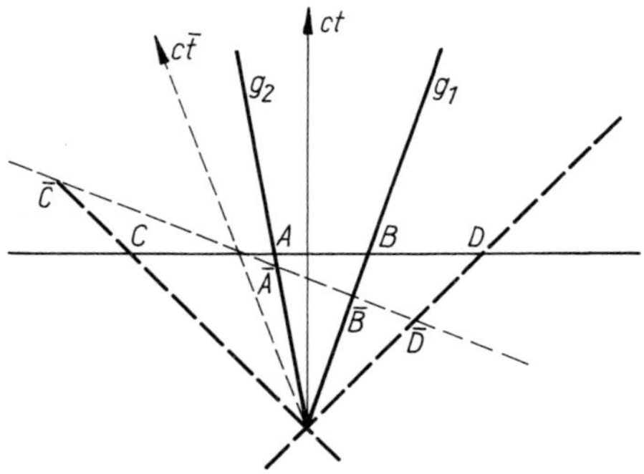

Abb. 50. Zur Definition des Winkels in der minkowskischen Geometrie. Das Doppelverhältnis

$$\mathcal{D}(C, D, A, B) = \frac{AC}{AD} : \frac{BC}{BD}$$

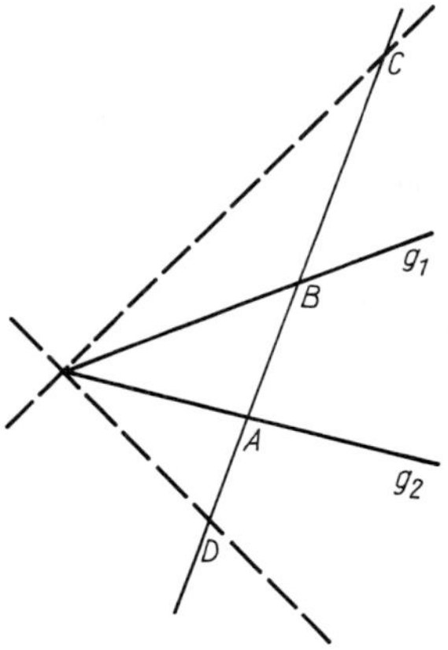

Abb. 51. Zur Definition des Winkels zwischen raumartigen Geraden. In der minkowskischen Ebene ist der Winkel zwischen zwei raumartigen Geraden analog Abbildung 50 durch ein Doppelverhältnis definiert

$$\alpha_{12} = \tfrac{1}{2} \ln \mathscr{D}(C, D, A, B) .$$

zu **Abb. 50.**

ist eine Charakteristik der vier durch A, B; C und D gehenden Strahlen und unabhängig von der speziellen Geraden, deren Schnittpunkte sie sind. Diese Gerade repräsentiert als x-Achsen-Parallele das Bezugssystem, von dem das Doppelverhältnis somit unabhängig ist. Es ist positiv, sein Logarithmus reell. Nach Abbildung 28 multiplizieren sich diese Doppelverhältnisse für benachbarte Winkel. Läge A rechts von D, so würde AD das Vorzeichen wechseln, das Doppelverhältnis wäre negativ und der Logarithmus nicht reell. In der minkowskischen Geometrie sind Winkel zwischen zeitartigen und raumartigen Geraden nicht reell. Als Winkelmaß erhalten wir

$$\alpha_{12} = \frac{1}{2} \ln \mathscr{D}(C, D, A, B) = -\frac{1}{2} \ln \frac{1+v}{1-v} .$$

Die Orientierung der Winkel zwischen zeitartigen Geraden ist mit dieser Vorzeichenwahl wie in Abbildung 49 festgelegt, v ist die Relativgeschwindigkeit von Σ_1 gegen Σ_2, wenn g_1 und g_2 als Zeitachsen dieser Bezugssysteme auftreten.

wenn

$$|a_{11}a_{22} - a_{12}a_{21}| = 1$$

gilt. Dies wird durch die Gleichungen (24), (6) und (21) erfüllt. Wir verzichten hier auf einen allgemeinen Beweis und führen nur eine Darstellung der Lorentz-Transformationen an, aus der man die Flächentreue der Transformation sofort ablesen kann (Abb. 52).

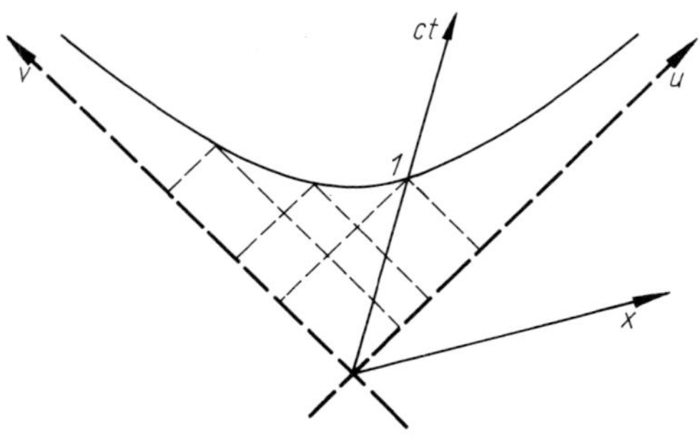

Abb. 52. Lichtkoordinaten.
Projizieren wir die Punkte der Ebene auf einen Lichtkegel, so finden wir die Koordinaten

$$u = ct + x\,, \qquad v = ct - x\,.$$

Für die Eichkurve gilt $uv = (ct)^2 - x^2 = 1$. Alle Lichtecke an O, die zu den Punkten derselben gleichseitigen Hyperbel um O gehören, haben gleichen Flächeninhalt. Gilt für zwei Punkte $u_1v_1 = u_2v_2$, so folgt $(ct_1)^2 - x_1^2 = (ct_2)^2 - x_2^2$. Die Koordinaten u und v ändern sich bei Lorentz-Transformationen so, daß uv unverändert bleibt:

$$\bar{u} = \sqrt{\frac{1 - \frac{V}{c}}{1 + \frac{V}{c}}} \cdot u\,, \qquad \bar{v} = \sqrt{\frac{1 + \frac{V}{c}}{1 - \frac{V}{c}}} \cdot v\,.$$

Alle Figuren werden in u-Richtung im selben Maße verkürzt, wie sie in v-Richtung gestreckt werden.

Schließlich stellen wir noch einmal die Beziehungen zwischen Winkel und Relativgeschwindigkeit zusammen:

In der E-Geometrie gilt $v = -\tan\alpha$,
in der G-Geometrie gilt $v = -\alpha$,
in der M-Geometrie gilt $v = -\tanh\alpha$.

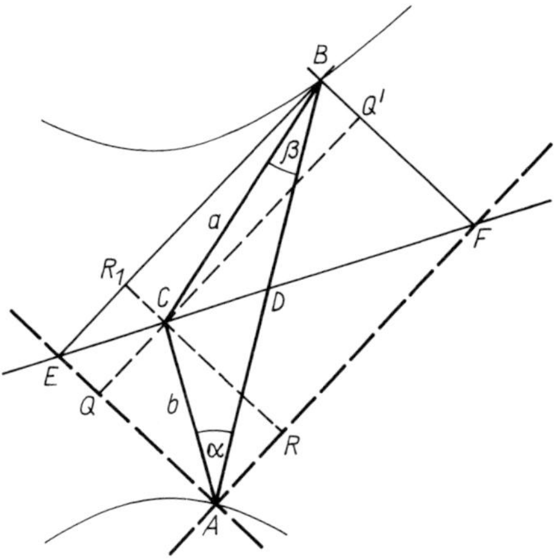

Abb. 53. Dreiecke mit gleichen Basiswinkeln in der minkowskischen Geometrie.

Wir zeichnen das Dreieck $\triangle ABC$ mit zeitartigen Seiten und legen durch A und B Lichtkegel, die sich in E und F schneiden. Die Verbindungslinie schneidet AB in D. Die beiden Winkel α und β sind genau dann gleich, wenn sowohl a als auch b die Gerade EF im gleichen Punkt C schneiden, nur dann sind die entsprechenden Doppelverhältnisse gleich. Für $\alpha = \beta$ liegt C auf EF. Nun ziehen wir durch C einen Lichtkegel und finden für die Schnittpunkte Q und R wegen des Ähnlichkeitssatzes

$$\frac{EQ}{QA} = \frac{AR}{RF}, \quad \text{d. h.} \quad EQ \cdot RF = AQ \cdot AR\,.$$

Liegt C auf EF, so sind die Rechtecke $ARCQ$ und $BR'CQ'$ flächengleich. Entsprechend Abbildung 52 schließen wir, daß

$$(ct_C - ct_A)^2 - (x_C - x_A)^2 = (ct_B - ct_C)^2 - (x_B - x_C)^2$$

in jedem Koordinatensystem ist. Die Länge einer zeitartigen Strecke ist zu definieren über

$$l_{CA}^2 = (ct_C - ct_A)^2 - (x_C - x_A)^2\,.$$

Wir weisen hier nur darauf hin, daß nach der Bestimmung des Winkelmaßes das Längenmaß aus der Forderung bestimmt werden kann, daß Dreiecke mit zwei gleichen Basiswinkeln gleichschenklig sein sollen. Wir geben hier nur die Konstruktion für die M-Geometrie an (Abb. 53). Wir erhalten nichts Unerwartetes. Die Umrechnung der Fläche des Lichtecks auf die Koordinaten bezüglich M-orthogonaler Achsen liefert

$$l^{\mathrm{M}}_{CA} = \sqrt{(ct_C - ct_A)^2 - (x_C - x_A)^2}\,. \tag{27}$$

In der G-Geometrie gilt dagegen einfach

$$l^{\mathrm{G}}_{CA} = \sqrt{(ct_C - ct_A)^2} \tag{28}$$

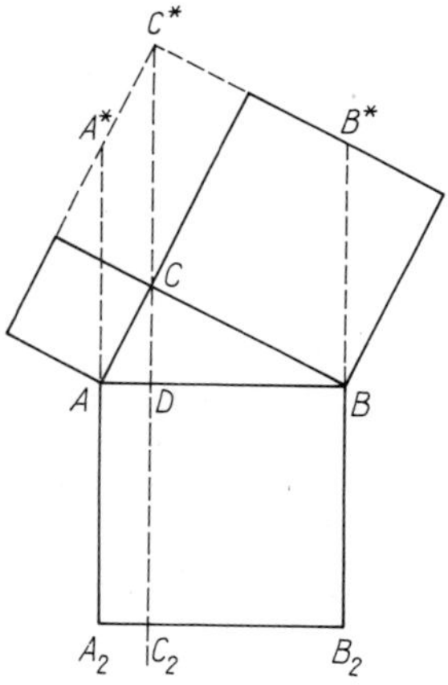

Abb. 54. Der Satz des Pythagoras in der euklidischen Geometrie.
Wir errichten über den Seiten eines Dreiecks $\triangle\, ABC$ die Quadrate und finden den Punkt C^*. Das Quadrat über AC ist flächengleich dem Parallelogramm ACA^*C^* und dies wieder dem Rechteck A_2C_2AD. Analog ist das Quadrat über CB flächengleich dem Parallelogramm CBC^*B^* und dies wiederum dem Rechteck C_2B_2DB. Damit ist gezeigt, daß die *Summe* der Quadrate über den Katheten gleich dem Quadrat über der Hypotenuse ist.

und in der E-Geometrie wie bekannt

$$l_{CA}^{\mathrm{E}} = \sqrt{(ct_C - ct_A)^2 + (x_C - x_A)^2}\,. \tag{29}$$

Es gibt einen verblüffenden geometrischen Beweis für das Minuszeichen, das in der M-Geometrie in der Definition der Länge auftaucht, und die gewohnte Form des Satzes von Pythagoras

Die *Summe* der Kathetenquadrate eines rechtwinkligen Dreiecks ist gleich dem Quadrat über der Hypotenuse (Abb. 54)

in die minkowskische Form

Die *Differenz* der Kathetenquadrate eines rechtwinkligen Dreiecks ist gleich dem Quadrat über der Hypotenuse (Abb. 55)

wandelt. In beiden Fällen werden dieselben Konstruktionen verwendet, nur die Definition der Rechtwinkligkeit ist geändert.

Nach der Formel (27) wäre die Länge für eine raumartige Strecke imaginär, da sie aber rein imaginär ist, können wir für den Vergleich raumartiger Strecken auch die reelle Größe

$$l_{CA}^{\mathrm{M}} = \sqrt{-(ct_C - ct_A)^2 + (x_C - x_A)^2} \tag{27a}$$

verwenden.

Nachdem wir Winkel- und Längenmaß bestimmt haben, untersuchen wir jetzt die Verallgemeinerung des Begriffs vom Lot. In der euklidischen Geometrie (Abb. 56) gilt:

1. Das Lot bildet mit der Geraden einen rechten Winkel.
2. Das Lot ist die kürzeste Verbindung eines Punktes mit einer Geraden.
3. Der Fußpunkt des Lotes ist der Punkt, an dem die Gerade eine Kurve festen Abstands vom Punkt P berührt.
4. Das Lot und die Gerade bilden die Achsen eines cartesischen Bezugssystems, d. h. hier eines Bezugssystems, in dem (29) gilt.

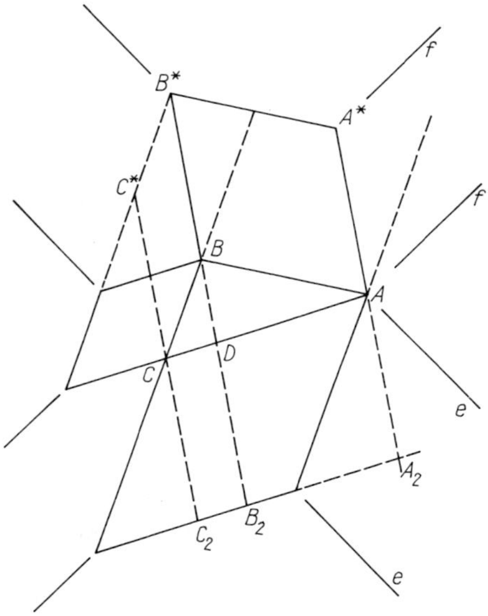

Abb. 55. Der Satz des Pythagoras in der Minkowski-Geometrie.
Wir bestimmen die M-Quadrate als Rhomben mit Diagonalen in den ausgezeichneten Richtungen *e* und *f*. Schließlich garantieren wir dadurch Parallelogramme mit 4 M-rechten Winkeln. In der euklidischen Geometrie würde das noch nicht zur Charakterisierung eines Quadrats ausreichen, hier aber genügt es, da die Figur hier bereits durch die Angabe einer Seite eindeutig bestimmt ist. Die Seite BC des Dreiecks $\triangle ABC$ steht auf AC M-senkrecht. AB ist die Hypotenuse des Dreiecks.
Wir ziehen die Hilfslinien parallel AA^* und BC und finden C^*, C_2, B_2, A_2. Analog Abbildung 54 sehen wir erstens, daß das M-Quadrat über BC flächengleich CBC^*B^* ist. Zweitens ist das über der Hypotenuse AB flächengleich A_2B_2AD, und CBC^*B^* ist flächengleich C_2B_2CD. Drittens ist C_2A_2CA flächengleich dem M-Quadrat über AC, der größeren Kathete. Damit finden wir, daß die *Differenz* der Kathetenquadrate eines M-rechtwinkligen Dreiecks gleich dem Hypotenusenquadrat ist.

Die Verallgemeinerung der letzten Eigenschaften ist am einfachsten, da wir bereits wissen, welche Bezugssysteme wir in der G- und der M-Geometrie als cartesisch anzusehen haben: Es sind dies die Inertialsysteme, denn in ihnen gilt

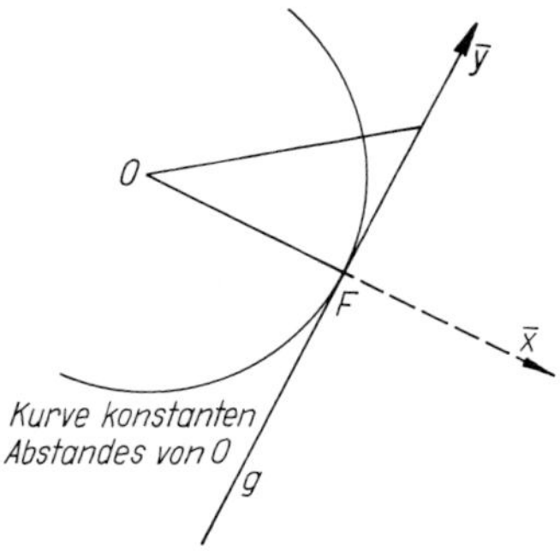

Abb. 56. Das Lot in der euklidischen Geometrie.
Der Fußpunkt F ist der Berührpunkt einer Kurve festen Abstands von O, und da diese ein Kreis ist, stellt F den Punkt auf der Geraden g dar, der die kürzeste Entfernung zu O hat.

eine analog (29) aufgebaute Längenbestimmung ((27) bzw. (28)). Der „rechte Winkel" ist folglich in der M-Geometrie kein eigentlicher Winkel mehr, da wir reelle Winkel nur zwischen zwei zeitartigen oder zwischen zwei raumartigen Strahlen definiert haben, nicht aber zwischen einem zeitartigen und einem raumartigen Strahl. Wir merken hier nur an, daß die Strahlen eines rechten Winkels in der M-Geometrie, der durch die Achsen eines Inertialsystems gebildet wird, mit dem im Scheitel errichteten Lichtkegel

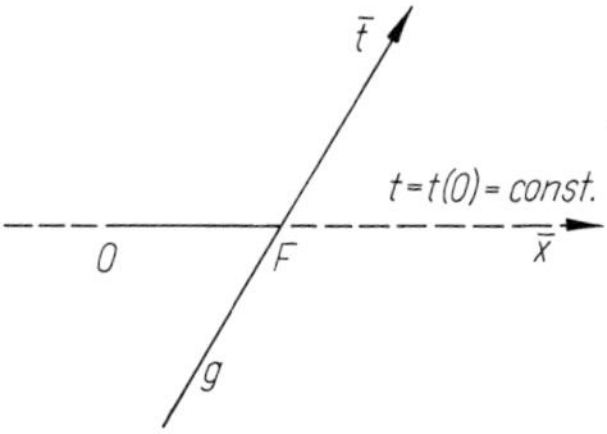

Abb. 57. Das Lot in der galileischen Geometrie.
Der Punkt F auf g mit dem kürzesten G-Abstand zu O hat den Abstand Null. Lote sind immer Geraden t = const.

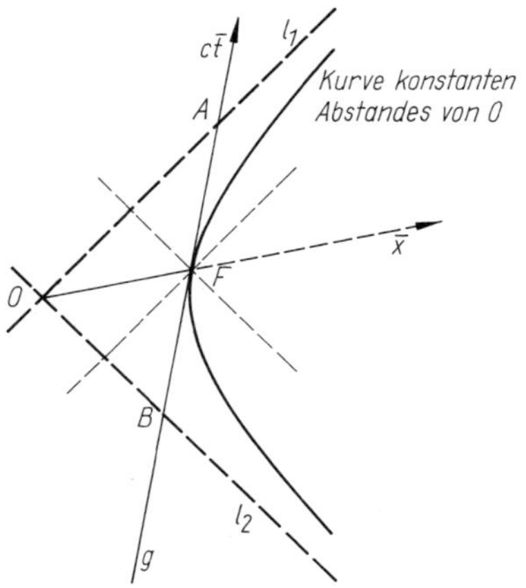

Abb. 58. Das Lot in der minkowskischen Geometrie.
Gegeben ist eine Gerade g und ein Punkt O, von dem das Lot auf g zu fällen ist. Wir konstruieren das Lot als x-Achse eines Bezugssystems, in dem g eine Parallele zur ct-Achse ist. Zu diesem Zweck ziehen wir durch O den Lichtkegel l_1, l_2 und finden die Schnittpunkte A und B. Der Mittelpunkt F dieser Strecke markiert nach Abbildung 24 die Richtung OF der x-Achse. F ist damit der Fußpunkt des Lotes. Die Hyperbel durch F mit den Asymptoten l_1 und l_2 berührt g in F. Diese Hyperbel ist aber eine Kurve festen Abstands von O. Daraus folgt weiter, daß F der von O fernste Punkt der Strecke AB ist. Auf einer zeitartigen Geraden (g) steht eine raumartige Gerade (OF) senkrecht.

das Doppelverhältnis -1 bilden. Der rechte Winkel ist hier also durch die harmonische Teilung ausgezeichnet. In der G-Geometrie ist ein rechter Winkel einfach ein unendlicher Winkel. Hier hat – nach der vierten Formulierung der Definition des Lotes – ein Schenkel immer die durch die Lage der x-Achsen ausgezeichnete Richtung. In Abbildung 57 ist die Konstruktion des Lotes in der G-Geometrie angegeben: Es ist immer eine Parallele zur x-Achse. Damit ist Punkt 4 der Loteigenschaften verallgemeinert. Punkt 1 ist mit der Neudefinition des rechten Winkels erledigt. Punkt 3 läßt sich nicht in analoger Weise interpretieren. Punkt 2 lautet: Der Fußpunkt eines Lotes hat in der G-Geometrie zum Aufpunkt *P* immer den Abstand Null.

Abbildung 58 zeigt die Konstruktion des Lotes in der M-Geometrie. Zu gegebener Gerade *g* ist das Lot vom Aufpunkt *O* so zu ziehen, daß Lot und Gerade Diagonalen eines Lichtecks sind. Alle vier Punkte, die sich bei der Definition des euklidischen Lotes ergeben, sind direkt wiederzufinden:

1. Das Lot ist die (lokal) längste Verbindung des Aufpunktes zur Geraden.
2. Am Fußpunkt berührt die Gerade eine Kurve festen Abstands vom Aufpunkt (das ist hier eine Hyperbel).
3. Lot und Gerade bilden einen „rechten Winkel“, d. h.
4. sie bilden die Achsen eines Intertialsystems.

Zu beachten ist der Unterschied im ersten Punkt, wo die „kürzeste Verbindung“ in der E-Geometrie durch „(lokal) längste Verbindung“ in der M-Geometrie ersetzt ist. Dies ist dem Minuszeichen in der Definition der Länge geschuldet. Wir kommen darauf bei der Diskussion der Rolle der Zeit in der speziellen Relativitätstheorie (Abschnitt 10) zurück.

9. Die Geometrie der Raum-Zeit: Zusammenhänge

Ausgehend von den Definitionen des Winkels, des Lotes und der Länge kann man nun eine Vielzahl von Sätzen der euklidischen Geometrie auf die G-Geometrie und die M-Geometrie übertragen. Der tiefere Grund dafür liegt darin, daß diese Sätze nur die projektiven Eigenschaften der Konstruktionen betreffen: das Schneiden mehrerer Geraden in einem Punkt, die Streckenverhältnisse auf einer Geraden und ähnliches. Die Rolle des Kreises wird in den beiden nichteuklidischen ebenen Geometrien von Kurven übernommen, die projektiv dem Kreis äquivalent sind, das ist im Falle der minkowskischen Geometrie die Hyperbel (mit festen Asymptotenrichtungen) und im Falle der galileischen Geometrie die Parabel (mit fester Achsenrichtung) und das Parallelenpaar, d. h. allgemeine Kegelschnitte. Für Leser, denen die projektive Geometrie nicht bekannt ist, gibt der Anhang eine Einführung in den Problemkreis, soweit wir die Grundlagen in diesem Abschnitt benötigen. Einen Überblick zum Vergleich der drei Geometrien bietet Tabelle 2.

Allen drei Geometrien ist gemeinsam, daß spezielle Kegelschnitte ausgezeichnet sind, die bei einem Teil der in der jeweiligen Geometrie möglichen Bewegungen in sich selbst übergehen. Die drei Geometrien entstehen aus der projektiven Geometrie, in der die Kegelschnitte nicht untereinander ausgezeichnet sind, als Spezialfälle. In der euklidischen Geometrie sind die Kreise ausgezeichnet, in der minkowskischen Geometrie die (gleichseitigen) Hyperbeln. Die Kreise gehen bei gewöhnlichen Drehungen um ihren Mittelpunkt in sich selbst über, die in Abschnitt 6 als Eichhyperbeln eingeführten gleichseitigen Hyperbeln gehen bei Lorentz-Drehungen, d. h. den Lorentz-Transformationen um den Mittelpunkt dieser Hyperbeln, in sich selbst über.

In der projektiven Geometrie sind Parallelität, Orthogonalität und Länge nicht definiert. Zeichnen wir die Ferngerade aus, d. h., lassen wir nur solche Transformationen zu, die Fernpunkte in Fernpunkte überführen (lineare Transformationen), so beschränken wir uns auf die sogenannte affine Geometrie. Zwei Geraden sind parallel, wenn ihr Schnittpunkt auf der Ferngeraden liegt. Eine affine Transformation ändert an dieser Eigenschaft nichts.

Die Festlegung der Orthogonalität entspricht dabei der Vorgabe einer Involution auf der Ferngeraden. (Eine Involution ist hier die projektive Abbildung einer Geraden auf sich selbst, wobei das Bild $\bar{\bar{P}}$ des Bildpunktes $\bar{P}$ eines jeden Punktes P mit P zusammenfällt.) Diese Involution ordnet gerade die orthogonalen Richtungen einander zu. Hat diese Involution zwei reelle Fixpunkte, so ist der Winkel zwischen zwei Geraden gleich dem Logarithmus des Doppelverhältnisses, das von den Fernpunkten der beiden Geraden mit den beiden Fixpunkten auf der Ferngeraden gebildet wird. In der M-Geometrie sind die Fixpunkte tatsächlich reell und stellen die Asymptotenrichtungen der Eichhyperbeln dar. Jede dieser Hyperbeln geht durch die beiden Fixpunkte und ist dadurch wie der Kreis durch drei reelle Punkte im Endlichen eindeutig bestimmt, weil ein Kegelschnitt durch fünf Punkte bestimmt ist. Zwei Geraden sind orthogonal, wenn ihre Fernpunkte die beiden Fixpunkte harmonisch teilen. Die G-Geometrie entsteht, wenn die beiden Fixpunkte zusammenfallen. In der E-Geometrie sind die Fixpunkte imaginär. Jeder Kreis geht durch diese beiden imaginären Punkte und ist deshalb als Kegelschnitt wieder durch drei reelle Punkte im Endlichen bestimmt.

Mit der Festlegung der Orthogonalität sind auch die Maßeinheiten auf den Achsen relativ zueinander definiert. Ihre absolute und invariante Definition vervollständigt die

Tabelle 2. Vergleich der drei ebenen Geometrien der Ebene[1]) und der ihnen entsprechenden Kinematik

	Euklidische Geometrie	Galileische Geometrie	Minkowskische Geometrie
Reelle ausgezeichnete Richtungen	keine	Richtung der Parabelachsen (Doppelpunkt auf der Ferngeraden)	Richtungen der Hyperbelasymptoten (zwei Punkte auf der Ferngeraden)
Eichkurve[2])	Kreis	Gerade mit der ausgezeichneten Richtung	Hyperbel mit den ausgezeichneten Asymptoten
Winkel[3]) und Relativgeschwindigkeit	$v = -\tan\alpha$	$v = -\alpha$	$v = -\tanh\alpha$
Länge[4])	$l^2 = \Delta t^2 + \Delta x^2$	$l^2 = \Delta t^2$	$l^2 = \Delta ct^2 - \Delta x^2$
Lot[5])	gewöhnliche Orthogonalität auf der Bezugsgeraden	Parallele zur ausgezeichneten Richtung unabhängig von der Bezugsgeraden	teilt mit der Bezugsgeraden die ausgezeichneten Richtungen harmonisch
Additionstheorem der Geschwindigkeiten[6])	$\bar{\bar{v}} = \dfrac{v + \bar{v}}{1 - v\bar{v}}$	$\bar{\bar{v}} = v + \bar{v}$	$\bar{\bar{v}} = \dfrac{v + \bar{v}}{1 + v\bar{v}}$

Dreiecksungleichung[7]) und Extremaleigenschaft der Geraden	$AC \leqq AB + BC$ Geraden sind kürzeste Linien	$AC = AB + BC$ alle kinematisch kausalen Verbindungslinien zwischen zwei Punkten haben gleiche Länge	$AC \geqq AB + BC$ zeitartige Geraden sind längste Linien
Geometrischer Ort des Scheitels eines rechten Winkels über einer gegebenen Strecke	(Thales-)Kreis mit der Strecke als Durchmesser	Geradenpaar mit der ausgezeichneten Richtung durch die Endpunkte	Hyperbel mit den gegebenen Asymptoten und der Strecke als Durchmesser
Kurve mit Peripheriewinkeleigenschaft	Kreis	Parabel mit der ausgezeichneten Achsrichtung	Hyperbel mit den ausgezeichneten Asymptotenrichtungen

[1]) Ebene heißt hier zweidimensionaler Raum, ebene Geometrie dagegen Gültigkeit des Parallelenaxioms. Nichtebene Geometrien der Ebene wären die Geometrie der Kugelfläche oder die Geometrie von Lobatschewsky. [2]) Kurve festen Abstands $a = 1$ von einem gegebenen Zentrum. [3]) Definiert als gewöhnliche Fläche zwischen den Strahlen und der Eichkurve um den Scheitel. [4]) Verhältnis der gewöhnlichen Längen der Strecke und des von der Eichkurve um einen der Endpunkte abgeschnittenen Segments. [5]) Verbindung extremaler Länge zur Bezugsgeraden. [6]) Ergibt sich als Additionstheorem der in der dritten Zeile angegebenen Winkelfunktionen. [7]) Gilt in den beiden nichteuklidischen Fällen für kinematisch kausale Streckenzüge ABC.

Grundlage der metrischen Geometrie. Der Satz des Pythagoras, der als Definition der Maßvorschrift aufgefaßt werden kann, nimmt in den drei Geometrien die Formen (29), (27) und (28) an. Danach können wir die euklidische Geometrie als definite, die galileische Geometrie als semidefinite und die minkowskische Geometrie als indefinite Geometrie bezeichnen.

Als Beispiele für die Analogie der drei Geometrien beweisen wir den Peripheriewinkelsatz für Kreis (Abb. 59), Parabel (Abb. 60) und Hyperbel (Abb. 61). Wir sehen, daß die G-Geometrie in dieser Hinsicht einen Entartungsfall darstellt: Nur ein Teil der Kurven, die dem Peripheriewin-

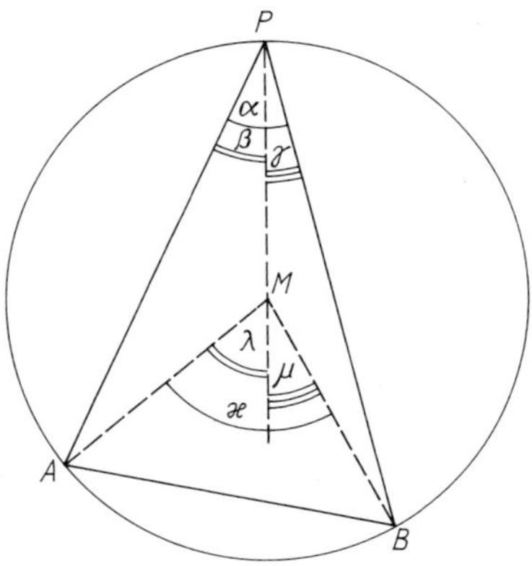

Abb. 59. Der Peripheriewinkelsatz des Kreises.
Auf einem Kreis M wählen wir eine Sehne AB und einen Punkt P. Wir wollen die Winkel $\sphericalangle\, AMB$ und $\sphericalangle\, APB$ vergleichen.
Weil die Dreiecke $\triangle\, PMA$ und $\triangle\, PMB$ gleichschenklige Dreiecke sind, ist $\lambda = 2\beta$ und $\mu = 2\gamma$, folglich ist

$$\sphericalangle\, AMB = \varkappa = \lambda + \mu = 2(\beta + \gamma) = 2\alpha = 2 \sphericalangle\, APB\,.$$

Der Winkel $\sphericalangle\, APB$ hat unabhängig von der Lage von P auf der Kreisperipherie immer den gleichen Wert (solange P und M auf der gleichen Seite der Sehne AB liegen). Die Sehne AB wird von diesen Punkten der Kreisperipherie immer unter dem gleichen Winkel gesehen.

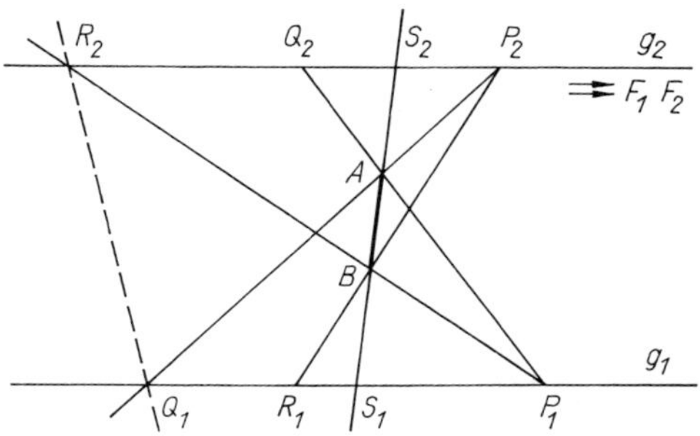

Abb. 60. Zum Peripheriewinkelsatz der Parabel.

Wir wollen zeigen, daß die G-Winkel, unter denen eine Parabelsehne AB von einem Punkte P der Parabel gesehen wird, unabhängig von der Lage dieses Punktes sind. Wir legen die Sehne AB und zwei Punkte P_1 und P_2 in die Ebene und zeigen nun, daß sie genau dann mit A und B auf einer Parabel gegebener Achsrichtung $F_1 = F_2$ liegen, wenn die Winkel $\sphericalangle\ AP_1B$ und $\sphericalangle\ AP_2B$ im G-Maß gleich sind.

Zuerst legen wir durch P_1 und P_2 Parallelen zur Parabelachse. Der Fernpunkt dieser Geraden fällt also mit dem doppelt zu zählenden Fernpunkt der Parabel zusammen. Die Verbindungsgerade AB schneidet g_1 in S_1 und g_2 in S_2. Wir projizieren AB aus P_1 auf Q_2R_2 und aus P_2 auf Q_1R_1. Die beiden Winkel $\sphericalangle\ AP_1B$ und $\sphericalangle\ AP_2B$ sind im G-Maß gleich, wenn die Strecken Q_1R_1 und Q_2R_2 gleiche Länge haben. Genau dann ist aber auch die Länge der Strecke Q_1S_1 gleich der von R_2S_2, d. h., Q_1R_2 ist parallel zu AB. Das zeigen wir über die Konstanz der Doppelverhältnisse. Vermittelt durch die Perspektivitätszentren P_1 und P_2 gilt nämlich

$$\frac{S_2R_2}{Q_2R_2} = \mathscr{D}(S_2, Q_2, R_2, F_1) = \mathscr{D}(S_2, A, B, S_1) = \mathscr{D}(F_1, Q_1, R_1, S_1) = \frac{Q_1S_1}{Q_1R_1}.$$

Die Parallelität von Q_1R_2 und AB ist aber gerade die Bedingung dafür, daß A, B, P_1 und P_2 auf der gleichen Parabel mit der Achsrichtung $F_1 = F_2$ liegen. Das zeigen wir mit dem Pascalschen Satz (Abb. 88).

Wir betrachten das Sechseck $F_1P_1BAP_2F_2$. F_1F_2 schneidet AB im Fernpunkt von AB, F_1P_1 schneidet AP_2 in Q_1, und P_1B schneidet mit P_2F_1 in R_2. Diese drei Punkte liegen auf einer Geraden, wenn R_2Q_1 durch den Fernpunkt von AB geht, d. h. parallel zu AB ist. Das ist aber genau bei Gleichheit der untersuchten Winkel der Fall, folglich liegen die sechs Punkte auf dem gleichen Kegelschnitt der Parabel durch P_1, A, B und P_2 mit dem Fernpunkt F_1 genau dann wenn die betrachteten Winkel im galileischen Maß gleich sind. Damit ist die Peripheriewinkeleigenschaft der Parabel bewiesen.

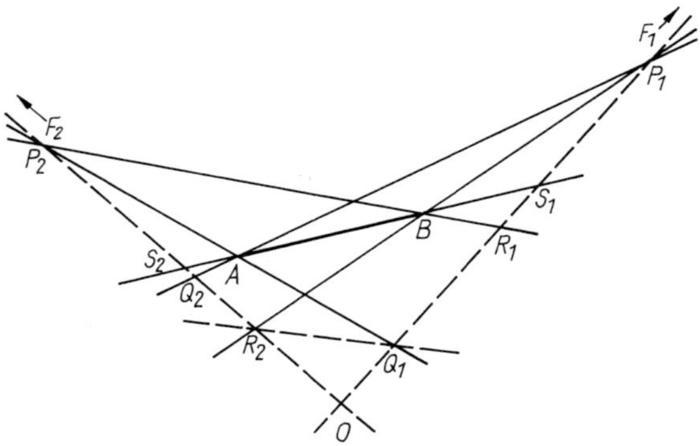

Abb. 61. Zum Peripheriewinkelsatz der Hyperbel.

Wir wollen zeigen, daß eine Hyperbelsehne AB von zwei Punkten P_1 und P_2 auf der Hyperbel unter Winkeln gesehen wird, die im minkowskischen Maß gleich sind. Wir wählen eine Strecke AB, die Sehne und zwei Punkte P_1 und P_2. Gegeben sind außerdem die Asymptotenrichtungen F_1 und F_2 der Hyperbel. Wir zeigen, daß die Bedingung für die M-Gleichheit der Winkel $\sphericalangle AP_1B$ und $\sphericalangle AP_2B$ identisch mit der Bedingung ist, daß $F_1P_1BAP_2F_2$ ein Sechseck ist, dessen Ecken auf einem Kegelschnitt liegen, der wegen der definierten Fernpunkte eine Hyperbel mit den gegebenen Asymptotenrichtungen ist.

Die Bedingung für die M-Gleichheit der Winkel lautet entsprechend Abbildung 50

$$\frac{OR_1}{Q_1R_1} = \mathscr{D}(O, Q_1, R_1, F_1) = \mathscr{D}(F_2, Q_2, R_2, O) = \frac{Q_2O}{Q_2R_2}.$$

Wegen der Konstanz der Doppelverhältnisse bei der Projektion aus P_1 und P_2 gilt

$$\mathscr{D}(O, Q_1, R_1, S_1) = \mathscr{D}(S_2, A, B, S_1) = \mathscr{D}(S_2, Q_2, R_2, O),$$

das ist

$$\frac{OR_1}{OS_1} \cdot \frac{Q_1S_1}{Q_1R_1} = \frac{S_2R_2}{S_2O} \cdot \frac{Q_2O}{Q_2R_2} \quad \text{oder} \quad \frac{Q_1S_1}{OS_1} = \frac{S_2R_2}{S_2O}.$$

Mit der letzten Formel haben wir analog Abbildung 60 bestätigt, daß Q_1R_2 parallel S_1S_2 ist, wenn die behandelten Winkel im minkowskischen Maß gleich sind. Q_1R_2 geht aber genau dann durch den Fernpunkt der Verbindungsgeraden AB, wenn F_1, P_1, B, A, P_2 und F_2 auf einem Kegelschnitt liegen. Die Peripheriewinkeleigenschaft der Hyperbel ist damit gezeigt.

kelsatz genügen, sind auch Kurven festen Abstands von einem gegebenen Punkt (Parallelenpaare zur x-Achse). In der M-Geometrie ist die Hyperbel die Grundfigur, von der immer zwei reelle unendlich ferne Punkte a priori gegeben sind. Man kann allgemein die Parabeln als G-Kreise und die Hyperbeln als M-Kreise ansprechen. Alle Konstruktionen, die mit E-Kreisen und -Geraden durchführbar sind, sind auch mit M-Kreisen und Geraden durchführbar. Da die hier angeführten Konstruktionen meist die Bestimmung

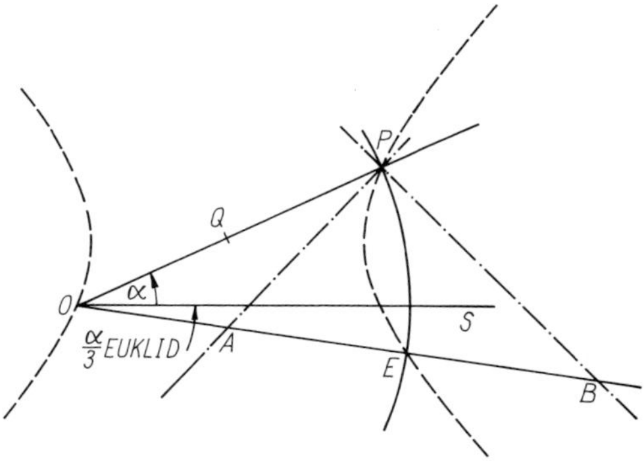

Abb. 62. Die Dreiteilung des Winkels in der euklidischen Geometrie.
Wir drehen den Winkel so, daß ein Schenkel s in Achsrichtung der gleichseitigen Hyperbeln (M-Kreise) liegt. Wir ziehen einen (E-)Kreis um den Scheitel O. Durch dessen Schnittpunkt P mit dem zweiten Schenkel ziehen wir eine gleichseitige Hyperbel (M-Kreis) mit dem anderen Schenkel als Achsrichtung, deren Mittelpunkt Q die Strecke OP halbiert. Wir finden den Punkt E, der den nach euklidischem Maß dritten Teil des Ausgangswinkels markiert.
Um dies zu zeigen, legen wir durch P die Asymptoten und benutzen die Eigenschaft der Hyperbel, die Segmente AB der Strahlen durch O zu halbieren. Nun ist wegen der Gleichschenkligkeit von $\triangle\ EOP$ der Winkel $\sphericalangle\ OPE = (\pi - \sphericalangle\ EOP)/2$ und wegen des Asymptotenanstiegs von $\pm\pi/2$ auch $\sphericalangle\ OPA = \pi/4 - \sphericalangle\ sOP$. Da $\triangle\ APB$ rechtwinklig ist und $AE = EB$ gilt, muß auch $AE = EP$ und $\sphericalangle\ EAP = \sphericalangle\ EPA = \sphericalangle\ OPE - \sphericalangle\ OPA = \pi/4 - (\sphericalangle\ EOP)/2 + \sphericalangle\ sOP$ sein. Andererseits ist $\sphericalangle\ EAP = \sphericalangle\ EOs + \pi/4$, also gilt $\sphericalangle\ EOs + (\sphericalangle\ EOP)/2 = \sphericalangle\ sOP$. Mit $\sphericalangle\ EOP = \sphericalangle\ EOs + \sphericalangle\ sOP$ folgt nun $3 \sphericalangle\ EOs = \sphericalangle\ sOP$.

von Punkten der Hyperbel enthalten, vereinfachten sie sich wesentlich, setzten wir die M-Kreise an Stelle der E-Kreise als gegeben voraus. Wir hätten dann den Vorteil, mit den in der M-Geometrie invarianten Kegelschnitten zu konstruieren, die auch eine bezugssystemunabhängige geometrische Bedeutung haben. Mit M-Kreisen und Geraden können alle euklidischen Konstruktionen mit Zirkel und Lineal ohne Änderung übertragen werden.

Wir fügen eine Bemerkung über die Dreiteilung des Winkels in der M-Geometrie ein. Es ist bekannt, daß in der euklidischen Geometrie diese nicht mit Zirkel und Lineal

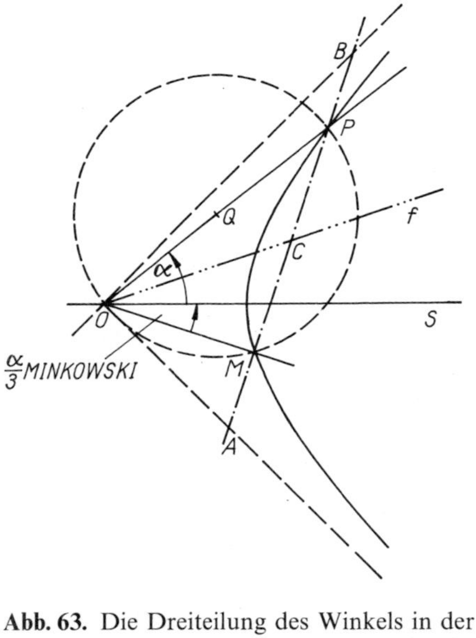

Abb. 63. Die Dreiteilung des Winkels in der Minkowski-Geometrie. Wir drehen den Winkel so, daß ein Schenkel in Achsrichtung der gleichseitigen Hyperbeln (M-Kreise) liegt. Wir ziehen einen M-Kreis um den Scheitel O. Durch dessen Schnittpunkt P mit dem zweiten Schenkel ziehen wir nun einen E-Kreis, dessen Mittelpunkt Q die Strecke OP halbiert. Wir finden den Punkt M, der den nach Minkowski-Maß dritten Teil des Ausgangswinkels markiert.

bewältigt werden kann (eine elementare Darstellung gibt das Buch von W. BREIDENBACH), vielmehr benötigt man dazu eine Hyperbel als Hilfskurve. Hyperbeln haben wir aber in der M-Geometrie als Grundfiguren kennengelernt. Ist etwa der Winkel nach dem Minkowski-Maß mit Hyperbel und Lineal in drei Teile zu teilen? Selbstverständlich nicht, schließlich wissen wir nun von der genauen Vergleichbarkeit der euklidischen und der M-Geometrie. Es zeigt sich, daß das Problem dual zur euklidischen Geometrie gelöst werden kann. Die Rolle der Hilfshyperbel in der euklidischen Geometrie (Abb. 62) übernimmt nun ein Hilfskreis in der M-Geometrie (Abb. 63). Der Kreis ist in der M-Geometrie ebensowenig elementar wie die Hyperbel in der euklidischen Geometrie. Es gibt auch Konstruktionen in der M-Geometrie mit einer Hilfshyperbel, diese hat aber nicht die Asymptotenrichtungen der Eichhyperbeln und ist deshalb auch in der Minkowski-Geometrie keine elementare Kurve.

zu **Abb. 63.**

Um dies zu sehen, ziehen wir die Sehne PM, die das Asymptotenkreuz durch O in A und B schneidet, und halbieren sie mit C. Weil die Sehnenabschnitte PB und MA an der Hyperbel gleich sind, ist $OC = CA = CB$. Die Gerade OC steht M-senkrecht auf AB und halbiert deshalb den Winkel $\sphericalangle\, POM$ im Minkowski-Maß. Können wir nun noch zeigen, daß der Winkel $\sphericalangle\, COM$ durch die Achse s halbiert wird, sind wir fertig. Der Strahl s ist aber Symmetrieachse: Er teilt den Winkel auch im M-Maß genau dann, wenn er ihn auch im E-Maß teilt. Weil in diesem nun $\sphericalangle\, OMC = \pi/2$ ist, finden wir im E-Maß weiter $\sphericalangle\, COM = \pi/2 - \sphericalangle\, OCM = \pi/2 - 2 \sphericalangle\, COB$ (Außenwinkelsatz). Dann ist aber auch $\sphericalangle\, AOM = \pi/2 - \sphericalangle\, COM - \sphericalangle\, COB = \sphericalangle\, COB$. Wir finden also den Winkel $\sphericalangle\, COM$, wenn wir den Winkel $\sphericalangle\, AOB$ von beiden Seiten um den gleichen Winkel reduzieren. Die Symmetrieachse s des Winkels $\sphericalangle\, AOB$ ist auch Symmetrieachse des Winkels $\sphericalangle\, COM$. Im euklidischen wie im minkowskischen Maß gilt $\sphericalangle\, COs = \sphericalangle\, MOs$. Wir können jetzt sehen, daß im Minkowski-Maß $2 \sphericalangle\, COs = \sphericalangle\, COP$ und $3 \sphericalangle\, MOs = \sphericalangle\, sOP$ ist, was wir beweisen wollten.

Schließlich sei noch auf die Analogie der besonderen Punkte des ebenen Dreiecks hingewiesen. Die drei Höhen eines Dreiecks schneiden sich in einem Punkt, unabhängig davon, nach welcher der drei Möglichkeiten das Lot definiert ist. Im Falle der G-Geometrie ist der Höhenschnittpunkt immer der unendlich ferne Punkt der x-Achse, da alle Höhen Parallelen zur x-Achse sind. Die drei Winkelhalbierenden und die drei auf ihnen im Scheitel errichteten Lote schneiden sich in vier Punkten, die im Falle der euklidischen Definition

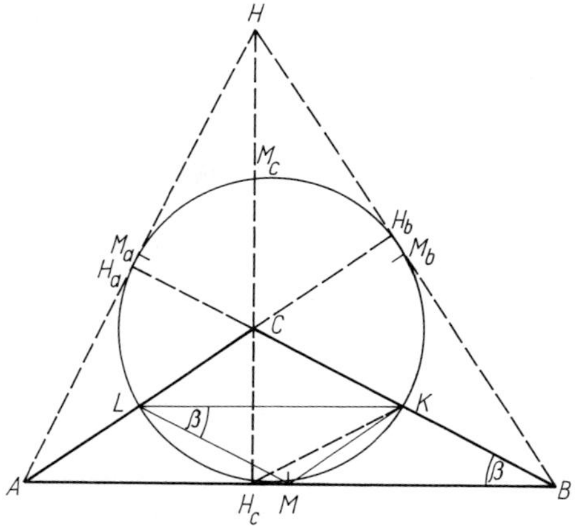

Abb. 64. Der Feuerbach-Kreis.
Wir legen durch die Seitenmitten L, M und K des Ausgangsdreiecks einen Kreis. Wegen der Ähnlichkeit ist der Winkel $\sphericalangle MLK$ gleich dem Winkel $\beta = \sphericalangle CBA$. Andererseits können wir mit dem Höhenfußpunkt H_c ein rechtwinkliges Dreieck $\triangle BCH_c$ bilden. Da K dessen Hypotenuse BC halbiert, ist $\triangle H_cBK$ gleichschenklig und auch $\sphericalangle MH_cK$ gleich β. Aus dem Peripheriewinkelsatz des Kreises folgt daher, daß H_c auf dem Kreis durch K, L und M liegt. Was wir für H_c gezeigt haben, können wir auch für die anderen Höhenfußpunkte zeigen. Dazu haben wir nur die Bezeichnungen zu vertauschen und die gleiche Konstruktion zu wiederholen. Die Höhen schneiden sich in einem Punkt, dem Höhenschnittpunkt H. Die Dreiecke $\triangle ACH$, $\triangle ABH$ und $\triangle CBH$ haben die gleichen Höhenfußpunkte wie $\triangle ABC$. Es liegen auch die Seitenmitten dieser Dreiecke auf dem genannten Kreis, der deshalb auch Neun-Punkte-Kreis heißt.

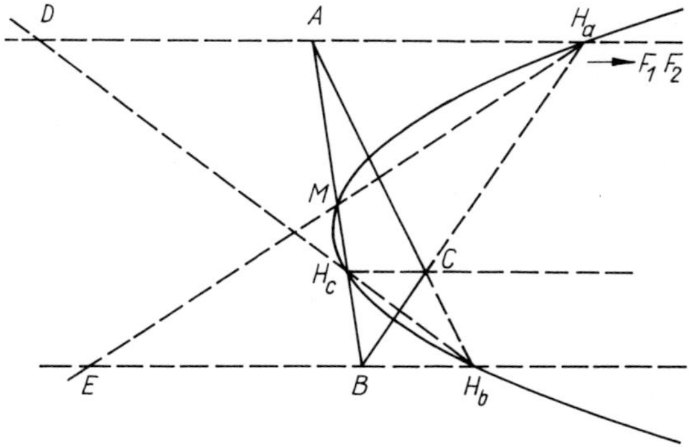

Abb. 65. Die Feuerbach-Parabel.
Wir konstruieren die Parabel mit dem unendlich fernen Doppelpunkt $F_1 = F_2$ durch die drei G-Höhenfußpunkte des Dreiecks ABC und zeigen, daß die Seitenmitten auf dieser Parabel liegen. Die Höhen sind Parallelen zur Achsrichtung der Parabel, die durch F_1 angezeigt wird. Wir wählen hier die Seitenmitte M. Die Linie H_bH_c schneidet die Höhe h_a in D, H_aM schneidet die Höhe h_b in E. Auf Grund des Ähnlichkeitssatzes gilt

$$DA/H_cC = AB/H_cB = AH_a/H_cC\,,$$

d. h. $DA = AH_a$ und $EB = AH_a$. DE ist also parallel AB. Dies ist aber die Bedingung dafür, daß F_1, H_a, M, H_c, H_b und F_2 auf einem Kegelschnitt liegen, der die gesuchte Parabel darstellt. Das zeigen wir mit dem Pascalschen Satz. Die Gegenseiten des von diesen Punkten gebildeten Sechsecks schneiden sich in D, E und dem Fernpunkt von AB. Die drei Punkte liegen auf einer Geraden, weil DE parallel AB ist, d. h. durch den Fernpunkt von AB geht.

die Mittelpunkte des Inkreises und der Ankreise sind. Die drei Mittelsenkrechten schneiden sich in einem Punkt unabhängig von der Definition des rechten Winkels. Durch die drei Seitenmitten und die drei Höhenfußpunkte geht ein ausgezeichneter Kegelschnitt, der Feuerbach-Kreis in der euklidischen Geometrie (Abb. 64, 65, 66). Im Anhang zeigen wir die projektive Skizze aller drei Varianten in einem (Abb. 95).

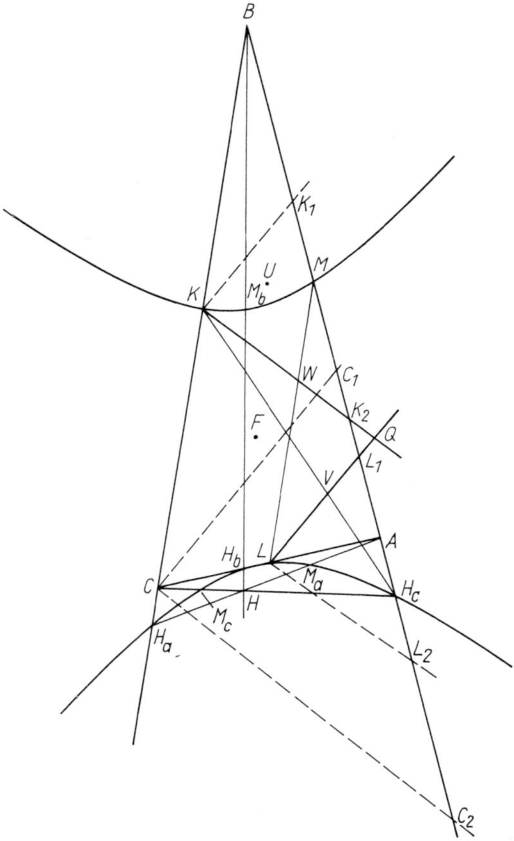

Abb. 66. Die Feuerbach-Hyperbel.

Wir wollen zeigen, daß die Hyperbel gegebener Asymptotenrichtungen F_1 und F_2 durch die Seitenmitten K, L und M eines Dreiecks auch den Fußpunkt H_c der M-Höhe auf der Seite c enthält. Da die Bezeichnung der Dreieckspunkte frei ist, liegt dann jeder Höhenfußpunkt auf dieser Hyperbel. Zusammen mit den Höhenmitten sind es wieder neun Punkte, durch die diese Hyperbel geht. Nehmen wir analog der Argumentation in der euklidischen Geometrie den Höhenschnittpunkt H zu den Dreieckspunkten

zu **Abb. 66.**
A, B und C hinzu, dann kann man vier Dreiecke bilden. Der nicht einbezogene Punkt dieser vier ist dann jeweils der Höhenschnittpunkt des Dreiecks. Die Höhenfußpunkte sind immer die gleichen, sie tauschen nur ihre Plätze. Die Seitenmitten des einen Dreiecks sind dann die Höhenmitten des anderen, daher liegen mit den Seitenmitten eines Dreiecks auch die Höhenmitten auf der Hyperbel durch die Höhenfußpunkte.
Wir zeichnen das Dreieck $\triangle ABC$ mit den Seitenmitten K, L und M und dem Höhenfußpunkt H_c. Durch L, C und K ziehen wir die Asymptotenparallelen (d. h. die Verbindungslinien zu den Fernpunkten F_1 und F_2 der Hyperbeln). Diese schneiden die Seite c in L_1, L_2, C_1, C_2, K_1 und K_2. Gemäß Abbildung 58 halbiert H_c den Abschnitt C_1C_2. Wegen der Ähnlichkeiten gilt $AC_2 = 2AL_2$, $AC_1 = 2AL_1$, $BC_2 = 2BK_2$, $BC_1 = 2BK_1$ und $C_1C_2 = 2K_1K_2 = 2L_1L_2$. Nun verlängern wir LL_1 bis zum Schnittpunkt Q mit KK_2. Den Punkt V finden wir als Schnitt von LL_1 mit KH_c und W als Schnitt von KK_2 mit LM. Wir zeigen zuerst, daß VW parallel AB ist, und nutzen mit diesem Ergebnis den Satz von Pascal für das Sechseck $F_1LMH_cKF_2$.
Zunächst projizieren wir Q, V und L und F_1 aus K auf c und erhalten K_2, H_c, Z und K_1, wobei wir mit Z den Fernpunkt der Geraden AB bezeichnen. Daher gilt

$$\frac{LQ}{LV} = \mathcal{D}(Q, V, L, F_1) = \mathcal{D}(K_2, H_c, Z, K_1) = \frac{H_cK_1}{K_2K_1}.$$

Die Projektion von Q, W, K und F_2 aus L auf c liefert die Punkte L_1, M, Z und L_2 und das Doppelverhältnis

$$\frac{KQ}{KW} = \mathcal{D}(Q, W, K, F_2) = \mathcal{D}(L_1, M, Z, L_2) = \frac{ML_2}{L_1L_2}.$$

Mit den oben festgestellten Relationen erhalten wir

$$L_2M = \tfrac{1}{2}\, C_2B = H_cK_1 \,.$$

Folglich sind alle angeführten Doppelverhältnisse gleich, und wegen des Ähnlichkeitssatzes gilt, daß VW parallel LK und somit auch parallel AB ist. Z, V und W liegen auf einer Geraden. Diese drei Punkte sind aber die Schnittpunkte der Gegenseiten des Sechsecks $F_1LMH_cKF_2$. Die sechs Punkte liegen auf einem Kegelschnitt, einer Hyperbel mit den Asymptotenrichtungen F_1 und F_2.
Wir merken noch an, daß der Mittelpunkt F dieser Hyperbel die Strecke zwischen Höhenschnittpunkt H und Schnittpunkt U der auf den Seitenmitten errichteten M-Senkrechten halbiert. Dieser Schnittpunkt U ist – analog dem Umkreismittelpunkt der euklidischen Geometrie – der Mittelpunkt der Hyperbel, die durch die Eckpunkte des Dreiecks $\triangle ABC$ geht.

Der Mittelpunkt der dem Feuerbach-Kreis entsprechenden Hyperbel halbiert die Strecke zwischen dem Schnittpunkt der M-Mittelsenkrechten und dem der M-Höhen, und diese Hyperbel halbiert auch die Verbindungslinien zwischen den Ecken und dem Höhenschnittpunkt. Diese Analogie gilt in der G-Geometrie trivial, weil alle diese Punkte mit dem Fernpunkt der x-Achse zusammenfallen. Auch hieran zeigt sich die Entartung im Falle der G-Geometrie. Wir weisen noch darauf hin, daß Kreis, Parabel und Hyperbel jeweils Kurven konstanter Krümmung sind (Krümmung = Winkel der Richtungsänderung der Tangente pro Länge des Kurvenstücks), wenn Winkel und Längen entsprechend der jeweiligen Geometrie definiert sind.

Sätze über den Kreis in der E-Geometrie und Sätze über die gleichseitige Hyperbel in der M-Geometrie sind Sonderfälle allgemeiner Sätze über Kegelschnitte. Die oben betrachteten Feuerbach-Kegelschnitte sind der geometrische Ort der Mittelpunkte derjenigen Kegelschnitte, die sich durch die drei Ecken und den Höhenschnittpunkt des Dreiecks legen lassen. Sind die Höhen euklidisch definiert, ist dieser geometrische Ort ein Kreis, sind sie minkowskisch definiert, ist er eine Hyperbel. Allgemein gilt: Fünf Punkte bestimmen einen Kegelschnitt. Vier Punkte (A, B, C und D) bestimmen ein Büschel von Kegelschnitten. Der geometrische Ort der Mittelpunkte (bzw. der Pole zu einer festen Geraden) dieser Kegelschnitte ist wieder ein Kegelschnitt. Dieser Mittelpunktskegelschnitt halbiert (bzw. teilt harmonisch) die sechs Verbindungslinien des Vierecks und geht durch die drei Diagonalpunkte. Er ist ein Kreis, wenn D der Schnittpunkt der E-Höhen des Dreiecks ABC ist. Die Diagonalpunkte des Vierecks sind dann Höhenfußpunkte des Dreiecks.

10. Die Zeit in der speziellen Relativitätstheorie

Nach dem Ausflug in die reine Geometrie kehren wir nun zur Diskussion der speziellen Relativitätstheorie zurück. Die Geometrie erhält physikalischen Inhalt, weil eine der Koordinaten die Zeit ist, die Geometrie wird Kinematik, Bewegungslehre. In der galileischen Kinematik ist die Zeit eine absolute Größe: Die Zeitdifferenz zweier Ereignisse ist unabhängig vom inertialen Bezugssystem. Zu jedem gegebenen Zeitpunkt gibt es eine eindeutige Menge von absolut gleichzeitigen Ereignissen, den dreidimensionalen Raum, der in unserer zweidimensionalen Raum-Zeit durch die Geraden parallel zur x-Achse repräsentiert wird.

An diesen absoluten Zeitablauf sind wir gewöhnt, weil die Geschwindigkeiten, mit denen sich die Menschen mit oder ohne technische Hilfsmittel bewegen, so sehr klein gegen die Lichtgeschwindigkeit sind. Selbst die Raketen, die einen Satelliten um die Sonne schießen, erreichen nur Geschwindigkeiten (relativ zur Erde) von einem Zehntausendstel der Lichtgeschwindigkeit, obwohl das andererseits schon das Hundertfache der Schallgeschwindigkeit in der Luft am Erdboden ist. Um so erstaunlicher erscheinen die relativistischen Änderungen am Zeitablauf, die – geometrisch betrachtet – gar nicht so unerwartet sind.

Die in der M-Geometrie ermittelte Länge einer zeitartigen Strecke ist die Zeitdifferenz, die auf einer Uhr gemessen wird, deren Weltlinie diese Strecke enthält. Wir wissen: Jede zeitartige Gerade ist Zeitachse eines bestimmten Inertialsystems. In diesem Inertialsystem aber ruht das Objekt, dessen Weltlinie diese Gerade ist, es ändert seinen Ort nicht. Auf der Zeitachse haben alle Ereignisse die Raumkoordinate Null. Aus der Formel für die Länge einer zeitartigen Strecke

(27) folgt für einen Abschnitt der Zeitachse $l_{AB} = ct_B - ct_A$. Die Länge einer zeitartigen Strecke ist also gleich der Zeitdifferenz in dem Inertialsystem, wo die Strecke ein Stück der Zeitachse ist, wo sich die Uhr, deren Weltlinie die Strecke ist, in Ruhe befindet. Die Zeit, die auf einer Uhr verstreicht, ist also gleich der M-Länge der entsprechenden Abschnitte der Weltlinie dieser Uhr. Deshalb heißt die M-Länge zeitartiger Strecken Eigenzeit. Ist die Weltlinie der Uhr keine Gerade, dann hat man für die Bestimmung der Eigenzeit die gleiche Konstruktion zu treffen, wie bei der Bestimmung der Bogenlänge einer Kurve in der E-Geometrie. Das Verhalten der Eigenzeit in der speziell-relativistischen Kinematik ist dem der Bogenlänge in der E-Geometrie analog: Zwischen zwei Ereignissen gibt es Kurven verschiedener Eigenzeitdifferenz, so wie es zwischen zwei Punkten Kurven verschiedener euklidischer Bogenlänge gibt. Die Gerade, die in der E-Geometrie als kürzeste Linie zwischen zwei Punkten ausgezeichnet ist, ist in der M-Geometrie als Kurve größter Eigenzeitdifferenz ausgezeichnet. Doch vor dieser Diskussion wollen wir einige einfache Situationen untersuchen und vergleichen.

Betrachten wir die lotrechte Projektion einer Strecke OA auf eine Gerade $\bar{g}$ (Abb. 67). Ersichtlich ist die Projektion $O\bar{A}$ kürzer als die Strecke OA, denn nach (29) gilt

$$OA^2 = O\bar{A}^2 + A\bar{A}^2 \geqq O\bar{A}^2 . \tag{30}$$

Ebenso ist die lotrechte Projektion $O\bar{\bar{B}}$ von $O\bar{B}$ auf die Gerade g wieder kürzer als $O\bar{B}$: Die lotrechte Projektion ist immer kürzer als die projizierte Strecke und des unabhängig von der Geraden, auf die lotrecht projiziert wird: Allerdings ändert sich mit der Geraden auch die Projektion, die lotrecht zu dieser Geraden ist.

Nun gehen wir zur analogen Konstruktion in der M-Geometrie über (Abb. 68). Die Projektion auf eine Gerade g ist lotrecht, wenn Projektion und Bezugsgerade Diagonalen eines Lichtecks sind, d. h., wenn die Gerade und ein

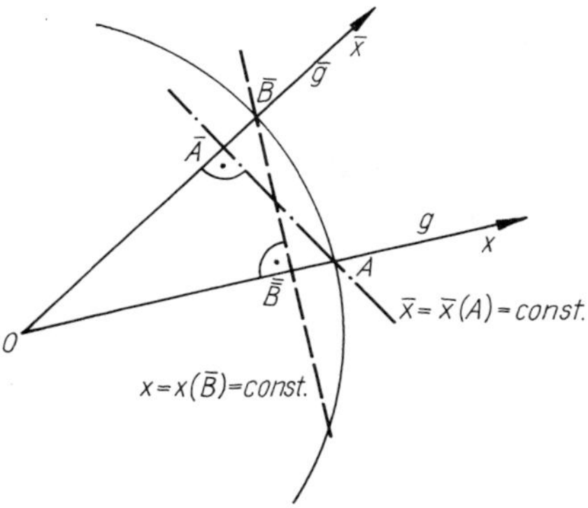

Abb. 67. Das euklidische Analogon zur Zeitdilation.
Wir zeichnen die x-Achsen zweier Bezugssysteme mit gleichem Ursprung O und markieren die Eichpunkte A und $\bar{B}$. Wir fällen die E-Lote auf die jeweils andere Achse und finden $\bar{A}$ und $\bar{\bar{B}}$. $O\bar{A}$ ist die $\bar{x}$-Koordinate von A, $O\bar{\bar{B}}$ die x-Koordinate von B. $O\bar{A} < O\bar{B}$ ist kein Widerspruch zu $O\bar{\bar{B}} < OA$.
Hinsichtlich Abbildung 31 merken wir an, daß die Bedingung der Reziprozität

$$\frac{OA}{O\bar{\bar{B}}} = \frac{O\bar{B}}{O\bar{A}}$$

Flächengleichheit der ähnlichen Dreiecke $\triangle\, O\bar{A}A$ und $\triangle\, O\bar{\bar{B}}\bar{B}$ und folglich $OA = O\bar{B}$ erfordert: Die Einheitspunkte liegen in der E-Geometrie auf einem Kreis, wenn das Lot euklidisch definiert ist.

Projektionsstrahl zusammen die Achsen eines Inertialsystems bilden. Die Projektion $O\bar{A}$ der Strecke OA auf die Gerade $\bar{g}$ ist nun länger als OA, denn wegen (27) gilt

$$OA^2 = O\bar{A}^2 - A\bar{A}^2 \leqq O\bar{A}^2 \,. \tag{31}$$

Ebenso ist die Projektion $O\bar{\bar{B}}$ von $O\bar{B}$ auf die Gerade g länger als $O\bar{B}$. Gegenüber der euklidischen Geometrie hat sich nur das Vorzeichen in der Relation zwischen einer Strecke und ihrer Projektion geändert.

Die Situation wird erst merkwürdig, wenn wir beachten, daß die Länge einer zeitartigen Strecke das Zeitintervall ist,

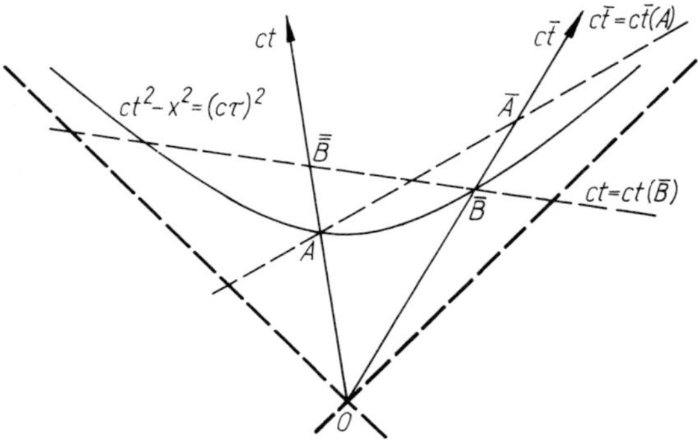

Abb. 68. Die einsteinsche Zeitdilatation.
Wir zeichnen die Weltlinien der beiden Beobachter. Sie repräsentieren die Zeitachsen der entsprechenden Ruhsysteme. Die Einheitspunkte A und $\bar{B}$ liegen auf der Eichhyperbel. Wir bestimmen die t-Koordinate von $\bar{B}$ und die $\bar{t}$-Koordinate von A durch das Fällen der M-Lote. Wir stellen fest, daß sich $O\bar{A} > O\bar{B}$ und $O\bar{\bar{B}} > OA$ nicht widersprechen. Die Zeitkoordinate des Einheitspunktes der Zeitachse eines mit der Geschwindigkeit v bewegten Inertialsystems ist

$$\frac{O\bar{\bar{B}}}{OA} = \frac{O\bar{A}}{O\bar{B}} = \frac{1}{\sqrt{1-v^2}}\,.$$

Dieser Einheitspunkt markiert den Ablauf der Zeiteinheit auf einer Uhr, deren Ruhsystem dieses Inertialsystem ist, die sich also mit v im Ausgangssystem bewegt. Bewegte Uhren scheinen langsamer als die Uhren dieses Ausgangssystems zu gehen.

das wir auf einer Uhr ablesen, die sich auf dieser Weltlinie bewegt. Das Ereignis, zu dem auf der sich längs g bewegenden Uhr die Zeit τ abgelesen wird, ist A. Das Ereignis, zu dem auf der sich längs $\bar{g}$ bewegenden Uhr die Zeit τ abgelesen wird, ist $\bar{B}$. A und $\bar{B}$ liegen auf einer Hyperbel, die der Eichkurve (Abb. 33) entspricht.

Das Ereignis A hat nun aber eine $c\bar{t}$-Koordinate

$$c\bar{t}(A) > c\bar{t}(\bar{B}) = c\tau\,, \tag{32}$$

ebenso wie das Ereignis $\bar{B}$ eine größere ct-Koordinate als A hat:

$$ct(\bar{B}) > ct(A) = c\tau\,. \tag{33}$$

Im Inertialsystem $\bar{\Sigma}$ (Zeitkoordinate $c\bar{t}$) scheint daher die Σ-Zeit auf g, d. h. die Zeit der relativ zu $\bar{\Sigma}$ bewegten Uhr, langsamer abzulaufen als die $\bar{\Sigma}$-Eigenzeit, die von der Uhr mit der Weltlinie $\bar{g}$ repräsentiert wird. Das Ereignis A (Σ-Zeit $t = \tau$) findet also zu einer $\bar{\Sigma}$-Zeit $\bar{t} > \tau$ statt. Das gleiche gilt in umgekehrter Richtung: Im Inertialsystem Σ scheint die $\bar{\Sigma}$-Zeit auf $\bar{g}$, d. h. die Zeit der relativ zu Σ bewegten Uhr, langsamer abzulaufen als die Σ-Zeit, die von der Uhr mit der Weltlinie g gemessen wird. Das Ereignis $\bar{B}$ ($\bar{\Sigma}$-Zeit τ) findet zu einer Σ-Zeit $t > \tau$ statt. Bewegte Uhren scheinen langsamer zu gehen als ruhende, genauer: Bewegte Uhren gehen langsamer im Vergleich zu dem ruhenden Uhrensystem, dessen Ablauf durch die Zeitkoordinate gegeben ist. Diesen Effekt nennt man Zeitdilatation. Diese einsteinsche Zeitdilatation ist geometrisch der Verkürzung der Strecken bei euklidisch lotrechter Projektion analog. Grundlage ist die Relativität der Gleichzeitigkeit. In Σ sind A und $\bar{A}$ gleichzeitig ($\bar{B}$ also früher als A), in $\bar{\Sigma}$ aber nicht, dort sind hingegen $\bar{B}$ und $\bar{\bar{B}}$ gleichzeitig ($\bar{B}$ später als A).

Bei absoluter Gleichzeitigkeit verschwindet die Zeitdilatation. Betrachten wir die galileische Geometrie: Hier ist die Lage der Strahlen der G-lotrechten Projektion unabhängig von der Geraden, auf die projiziert wird, und die Länge der Projektion einer Strecke ist identisch mit der Länge der Strecke selbst. Die Äquivalente von A und $\bar{B}$ fallen zusammen, so wie die von $\bar{A}$ und $\bar{\bar{B}}$ zusammenfallen.

Die Zeitdilatation wird bedeutsam, wenn schnell bewegte Uhren zu vergleichen sind. Solche Uhren können instabile Teilchen sein, weil deren mittlere Lebensdauer τ in ihrem Ruhsystem eine Zeiteinheit definiert. Nach der galileischen Kinematik können sie in dieser Zeit einen Weg $s = v\tau$

zurücklegen, wenn ihre Geschwindigkeit gleich v ist. Nach der M-Geometrie (Abb. 68) ist aber die Koordinatenzeit eines Zerfallsereignisses nicht $t = \tau$, sondern

$$t = \frac{\tau}{\sqrt{1 - \frac{V^2}{c^2}}}$$

und der in dieser Zeit zurückgelegte Weg

$$s = \frac{V\tau}{\sqrt{1 - \frac{V^2}{c^2}}}.$$

Um den Vergleich mit der G-Geometrie zu erleichtern, schreiben wir für die dimensionslose, auf die Lichtgeschwindigkeit bezogene Geschwindigkeit $v = V/c$. V hat die übliche Dimension Weg/Zeit. Auch wenn das Teilchen langsamer als das Licht ist ($V < c$), kann es in der vorgegebenen Lebensdauer jeden beliebigen Weg zurücklegen, wenn nur V dicht genug an c herankommt: Die notwendige Geschwindigkeit

$$V = c \frac{\frac{s}{c\tau}}{\sqrt{1 + \frac{s^2}{c^2\tau^2}}}$$

bleibt immer kleiner als die Lichtgeschwindigkeit.

Wir kennen Teilchen der kosmischen Strahlung, die in den oberen Schichten der Erdatmosphäre erzeugt werden und den Erdboden erreichen ($s \approx 30$ km), obwohl ihre Lebensdauer in Ruhe kleiner als s/c ist ($\tau \approx 10^{-8}$ s, $s/c \approx 10^{-4}$ s). Daraus lassen sich nur zwei Varianten schließen: Entweder die Teilchen sind 10^4mal schneller als das Licht, oder die Eigenzeit der Teilchen (d. h. die Zeit in ihrem Ruhsystem) verstreicht scheinbar 10^4mal langsamer als die Erdzeit wegen der von ihrer Bewegung hervorgerufenen Zeitdilatation. Die erste Variante läßt sich ausschließen, wenn wir die Geschwindigkeit der Teilchen messen und dabei feststellen, daß diese Geschwindigkeit die des Lichts nicht übersteigt. Die Zeitdilatation beschreibt die Beobachtung richtig.

Die Zeitdilatation erlaubt auch, in der Lebensdauer des Menschen jeden noch so entfernten Stern im Kosmos zu erreichen, wenn nur die Rakete genügend nahe an die Lichtgeschwindigkeit heran beschleunigt wird. Allerdings wird in kosmischen Dimensionen die Raumstruktur durch das Gravitationsfeld verändert, weshalb wir u. U. kompliziertere Zusammenhänge erwarten können. Die von uns betrachtete minkowskische Geometrie ist nur gültig, wenn die Abmessungen der betrachteten Raum-Zeit-Bereiche nicht zu groß werden.

Man kann die Abweichung von der M-Geometrie, die das Gravitationsfeld verursacht, sehr einfach abschätzen. Ist φ das newtonsche Gravitationspotential, so bestimmen wir $\Delta\varphi$ im betrachteten Gebiet als Differenz des maximalen und des minimalen Wertes dieses Potentials:

$$\Delta\varphi = \varphi_{\max} - \varphi_{\min} .$$

Dieser Potentialdifferenz entspricht – wie in der Hydrodynamik – das Quadrat einer Geschwindigkeit

$$V_\varphi^2 = \Delta\varphi .$$

Betrachten wir V_φ als Fehler der Geschwindigkeit, so erhalten wir über das Fehlerfortpflanzungsgesetz einen Fehler der zu bestimmenden Größe der M-Geometrie. Dieser Fehler hat die gleiche Größenordnung wie der Effekt, der vom Gravitationsfeld hervorgerufen wird.

Die Symmetrie der Aussage der Zeitdilatation führt auf den Versuch, einen Vorgang zu finden, in dem diese Symmetrie zu einem Widerspruch führt. Die Aussage, daß jeweils die eine Uhr langsamer geht als die andere, könnte zu solch einem Widerspruch führen, wenn beide Uhren nach einer gewissen Zeit wieder zusammentreffen und einen direkten Vergleich ermöglichen würden, ohne daß die Symmetrie fallengelassen werden muß. Eine solche Möglichkeit scheint das Zwillingsparadoxon zu liefern. Die Grundsituation zur Diskussion des Zwillingsparadoxons (auch Uhrenparadoxon genannt) ist in Abbildung 69 gezeichnet. Wir sehen drei Weltlinien, die geradlinig gleichförmig – also unbeschleunigt – bewegte Uhren repräsentieren. Die erste bewegt sich auf der Geraden durch A und C, die zweite auf AB, die dritte auf BC. Zum Ereignis A werden die Uhren 1 und 2, zum Ereignis B die Uhren 2 und 3 und zum Ereignis C die Uhren 3 und 1 direkt miteinander verglichen. Auf diese

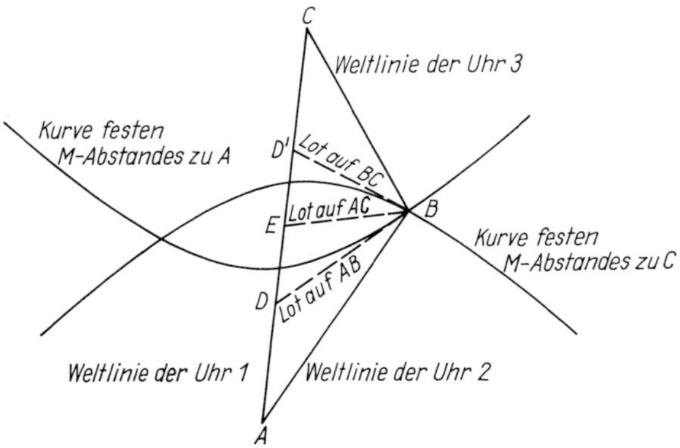

Abb. 69. Zum Zwillingsparadoxon.
Wir zeichnen die Weltlinien der drei Beobachter, die sich im Ausgangsereignis A, im Umkehrereignis B und im Zielereignis C schneiden. Wir fällen das M-Lot von B auf AC und finden mit E das zu B im Ruhsystem von AC gleichzeitige Ereignis. Wir errichten in B die M-Senkrechten auf AB und BC und finden in D und D' die zu B im Ruhsystem von AB bzw. BC gleichzeitigen Ereignisse.
Weitere Erläuterung im Text

Weise kann der Zeitablauf längs der Weltlinie AC an demjenigen längs AB und BC gemessen werden.

Betrachten wir die Situation im Ruhsystem der ersten Uhr. Die beiden anderen Uhren bewegen sich und laufen nach der Zeitdilatation langsamer als Uhr 1. Der Vergleich bei C sollte also

$$\tau_{AC} > \tau_{AB} + \tau_{BC} \tag{34}$$

liefern. Das Paradoxon liegt nun eigentlich nicht in der Ungleichheit. Wir wissen ja, daß die Zeiten den minkowskischen Längen der Dreieckseiten entsprechen: Auch in der euklidischen Geometrie ist die Summe der Längen zweier Seiten ungleich der Länge der dritten Seite. Das Paradoxon liegt in der scheinbaren Möglichkeit, die Uhr 1 als bewegt zu den Uhren 2 und 3 aufzufassen und mit dem gleichen Argument der Zeitdilatation

$$\tau_{AC} < \tau_{AB} + \tau_{BC} \tag{35}$$

festzustellen. Die Lösung liegt in der Beachtung der Relativität der Gleichzeitigkeit, in der Beachtung der genauen Aussage der Zeitdilatation (32) und (33). Es heißt: Die Zeit τ_{PQ}, die auf einer Uhr abläuft, deren Weltlinie die gerade Strecke PQ enthält, ist kleiner als die Differenz der Zeitkoordinaten von P und Q in einem Inertialsystem,

$$\tau_{PQ} < t_Q - t_P\,.$$

Betrachten wir wieder das Ruhsystem der Uhr 1. Ziehen wir durch B eine Parallele zur x-Achse dieses Inertialsystems, d. h., fällen wir das Lot auf AC, so finden wir den Punkt E, der gleichzeitig zu B im Ruhsystem der Uhr 1 ist: $t_{1E} = t_{1B}$. Nun ist nach (32)

$$\begin{aligned}\tau_{AC} &= \tau_{AE} + \tau_{EC} = t_{1E} - t_{1A} + t_{1C} - t_{1E}\\ &= t_{1B} - t_{1A} + t_{1C} - t_{1B} > \tau_{AB} + \tau_{BC}\,.\end{aligned}$$

Betrachten wir dagegen die Ruhsysteme von Uhr 2 und Uhr 3, so sind die Lote auf *BC* und *AB* durch *D'B* bzw. *DB* gegeben, und es gilt mit $t_{2B} = t_{2D}$ und $t_{3B} = t_{3D'}$

$$\begin{aligned}\tau_{AB} + \tau_{BC} &= \tau_{2B} - \tau_{2A} + t_{3C} - t_{3B} \\ &= t_{2D} - t_{2A} + t_{3C} - t_{3D'} > \tau_{AD} + \tau_{D'C}\,.\end{aligned}$$

Daraus folgt aber

$$\tau_{AB} + \tau_{BC} > \tau_{AC} - \tau_{DD'}\,.$$

Das ist kein Widerspruch mehr zu (34). Der Beitrag $\tau_{DD'}$ wird bei der qualitativen Formulierung des Paradoxons verschwiegen. Das Ergebnis des Uhrenvergleichs bei *C* ist durch die Ungleichung (34) widerspruchsfrei beschrieben.

Wir bemerken: Das Auftreten der Ungleichung (34) hat nichts mit einer Beschleunigung des Uhrensystems 2–3 zu tun, die dargestellte Konstruktion benutzt nur unbeschleunigte Uhren. Wir können natürlich die Frage stellen, ob das System 2–3 durch eine Uhr ersetzbar ist, die in *B* kurz und genügend kräftig beschleunigt wird, und ob diese Beschleunigungsphase einen wesentlichen Einfluß auf das Vergleichsergebnis konkreter Uhren hat. Dazu sind zwei Dinge festzustellen. Einmal kann eine gegebene Beschleunigungsphase nur einen Beitrag liefern, der nicht von der Länge der unbeschleunigten Weltlinienstücke von *A* nach *B* und von *B* nach *C* abhängt, während die relativistische Differenz proportional zu diesen Längen ist (Ähnlichkeitssatz). Die Beschleunigungsphase kann also keinen Beitrag zur Zeitdifferenz liefern, der den relativistischen Effekt generell zu kompensieren vermag. Zum zweiten können wir den Beschleunigungseffekt direkt abschätzen: Dazu haben wir die Beschleunigung b_0 der Uhr auf der Bahn mit der typischen Beschleunigung b_1 im (periodischen) Mechanismus der Uhr zu vergleichen und mit der Dauer t_0 der äußeren Beschleunigung zu multiplizieren. Der Uhrengang wird ja durch eine innere Bewegung bestimmt, die durch die Bahnbeschleunigung der Uhr gestört werden kann. Die Störung ist in erster Näherung proportional der äußeren Beschleunigung und umgekehrt proportional der bei den inneren Bewegungen auftretenden Beschleunigungen. Je größer die letzteren sind, desto fester ist die Uhr gebaut und desto unempfindlicher wird sie gegen äußere Beschleunigungen. Das Verhältnis der beiden Beschleunigungen bestimmt also den relativen Fehler des Uhrengangs. Der Gesamtfehler in der Zeitbestimmung ergibt sich nach Multiplikation mit der Zeitdauer der Störung:

$$\Delta\tau \approx t_0 \cdot \frac{b_0}{b_1} \approx \frac{\Delta v}{b_1}. \tag{36}$$

Betrachten wir drei Beispiele. Jedesmal soll durch die Beschleunigungsphase eine Relativgeschwindigkeit zur ursprünglichen Bewegung von $\Delta v = 100$ km/s entstehen. In einer Pendeluhr mit der Pendellänge $l = 100$ cm und der Amplitude $a = 10$ cm, deren Pendel in einem Kraftfeld schwingt, das der Erdbeschleunigung $g = 9{,}81\ \mathrm{m/s^2}$ entspricht, ist $b_1 \approx 1\ \mathrm{m/s^2}$ und $\Delta\tau \approx 10^5$ s, das ist etwa ein Tag.

In einer Atomuhr ist $b_1 \approx v_{\mathrm{innen}}$/Periode $\approx c$/Periode. Für eine Ammoniakuhr mit einer Periode von etwa $4 \cdot 10^{-11}$ s ist $\Delta\tau \approx 10^{-14}$ s zu erwarten. Für die Kohlenstoffuhr – die allerdings für so genaue Zeitmessungen ungeeignet ist – würde dieser Wert noch kleiner werden, da wir hier als Periode die Zeit anzusetzen haben, in der das Licht den Atomkern durchquert ($\approx 10^{-23}$ s): $\Delta\tau \approx 3 \cdot 10^{-27}$ s.

Die nächste Frage betrifft den Ablauf biologischer Uhren: Was passiert, wenn Zwillinge sich trennen und einer eine Reise macht, während der andere unbeschleunigt am Ausgangspunkt wartet? Kehrt der Reisende weniger gealtert zurück als der zu Haus Gebliebene? So allerdings sagt es Formel (34). Wir müssen zunächst einmal von der Tatsache absehen, daß das biologische Altern keine deterministische Uhr bestimmt und die Lebewesen auch ohne große relativistische Reisen verschieden schnell altern. Das gleiche gilt für die Definierbarkeit des biologischen Alters im Einzelfall. Die Frage reduziert sich daher auf den Einfluß der Beschleunigungsphase auf den Ablauf des biologischen Alterns. Hier ist neben dem konstanten Fehler $\Delta\tau$, wie wir ihn im vorhergehenden Absatz untersucht haben und der auch bei den einfach gebauten physikalischen Uhren zu erwarten ist, eine Veränderung der biologischen Uhr selbst nicht auszuschließen. Solche Veränderungen können nur bei einfachen physikalischen Uhren als Veränderung ihrer Struktur beobachtet und ausgeschlossen werden. Es könnte aber sein, daß eine biologische Uhr nach der Beschleunigungsphase schneller geht als vorher – daß das Lebewesen etwa schneller altert, wie dies nach einer Krankheit beobachtet werden könnte.

Wir können solche Änderungen in der biologischen Funktion der Uhr einmal dadurch ausschließen, daß wir eine physikalisch kontrollierbare Uhr mitführen und ständig vergleichen. Wir können aber auch Änderungen im biologischen Ablauf dadurch feststellen, daß sie bei erneuter Beschleunigung nicht wieder rückgängig zu machen sind, sie sind irreversibel. Deshalb können Änderungen an der biologischen Uhr auch in ihrem Effekt von der relativistischen Zeitdilatation getrennt werden, die ja verschwindet, wenn die bewegte Uhr wieder auf Ruhe im Vergleichsinertialsystem abgebremst worden ist. Die relativistische Zeitdilatation kann demnach auch durch Änderungen an der biologischen Uhr, die in der Beschleunigungsphase auftreten können, nicht generell kompensiert werden. Wieviel jünger ist Jurij Gagarin durch die Zeitdilatation auf seinem Rundflug am 12. 4. 1961 nun geblieben? Die erste kosmische Geschwindigkeit beträgt etwa 11 km/s, d. h. $3 \cdot 10^{-5}$ c. Der Faktor in der Zeitdilatation wird also gleich $1 - 5 \cdot 10^{-10}$. Der Flug hat 90 Minuten gedauert, die relativistische

Zeitdilatation betrug also etwa $3 \cdot 10^{-6}$ Sekunden. Im freien Fall ergeben erst 200000 Erdumrundungen einen Herzschlag.

Zum Schluß bleibt die oft gestellte Frage nach der Rolle des Gravitationsfeldes und der allgemeinen Relativitätstheorie bei der Lösung des Zwillingsparadoxons. Das Gravitationsfeld spielt zunächst gar keine Rolle. Ein Gravitationsfeld wird zwar mit ähnlichen Mitteln beschrieben wie ein Feld von Trägheitskräften, wie sie bei beschleunigter Bewegung auftreten: Das liegt im Äquivalenzprinzip, der Gleichheit von träger und passiver schwerer Masse, begründet. Deshalb haben aber beschleunigte Bewegungen nur in speziellen Fällen ihre Ursache im Gravitationsfeld. Das Zwillingsparadoxon ist speziell-relativistisch und kinematisch formuliert, eine echte Lösung darf also über die Mittel der speziell-relativistischen, d. h. der einsteinschen, Kinematik nicht hinausgehen. Eine echte Lösung kann weder in einer Verallgemeinerung der speziellen Relativitätstheorie noch in der genauen Betrachtung der Uhrendynamik liegen. Wie wir gezeigt haben, existiert auch eine rein kinematische Lösung. Das Gravitationsfeld kommt nur durch eine Zusatzkonstruktion herein: Wenn wir die Uhren 2 und 3 als eine Uhr auffassen wollen, die in B ihre Bewegungsrichtung ändert, so ist es naheliegend, die notwendige Beschleunigung durch ein Gravitationsfeld zu realisieren, denn wir wissen, daß der freie Fall im Gravitationsfeld keine inneren Beschleunigungen in der Uhr hervorrufen kann: Alle Teile der Uhr werden durch das Gravitationsfeld gleich stark beschleunigt. Die allgemeine Relativitätstheorie erhebt dies zum Prinzip und erreicht damit eine Beschreibung des Gravitationsfeldes, in der die freie Bewegung im Gravitationsfeld als unbeschleunigte Bewegung erscheint und das in einer Uhr zusammengefaßte System 2–3 nicht mehr formal von der Uhr 1 unterschieden werden kann. Dafür muß aber die ebene Geometrie der speziellen Relativitätstheorie aufgegeben werden: Die spezielle Relativitätstheorie gilt unter diesen Umständen in einem gegebenen Bereich nur mit einer durch das Gravitationsfeld bestimmten Genauigkeit (siehe auch Seite 113). Ein Gravitationsfeld, dem das einer newtonschen Potentialdifferenz $\Delta\varphi$ entspricht, ruft Effekte der gleichen Größenordnung hervor wie eine Geschwindigkeit $V_\varphi = (\Delta\varphi)^{1/2}$. Diese Geschwindigkeit ist für das Erdpotential auf der Oberfläche etwa 8 km/s, für das Sonnenpotential auf der Erdbahn etwa 30 km/s. So ist es in jedem Falle bei der Organisation der Umkehr des Zwillings in B durch ein Gravitationsfeld. Selbstverständlich existieren immer eindeutige Resultate für den Uhrenvergleich bei C. Die Zeitdifferenz hängt aber stark von der konkreten Gravitationsfeldanordnung ab, die die Umkehr bewerkstelligt. Berechnet man nach der allgemeinen Relativitätstheorie den Fall, daß der eine Zwilling auf der Erdbahn um die Sonne bleibt, während der andere in einer ballistischen Rakete auf einer Kometenbahn zum Pluto fliegt und von der Anziehungskraft der Sonne allein zurückgeholt wird, so ergibt der Uhrenvergleich, daß der Reisende älter geworden

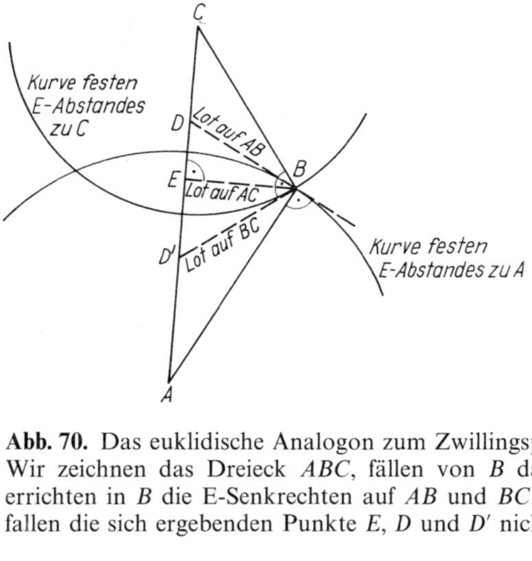

Abb. 70. Das euklidische Analogon zum Zwillingsparadoxon.
Wir zeichnen das Dreieck ABC, fällen von B das E-Lot auf AC und errichten in B die E-Senkrechten auf AB und BC. Analog Abbildung 69 fallen die sich ergebenden Punkte E, D und D' nicht zusammen.

ist als der erdgebundene Zwilling. Wir betonen aber zum Schluß dieser Diskussionen noch einmal, daß alles, was über Abbildung 69 hinausgeht, mit dem Paradoxon im strengen Sinne nichts zu tun hat und nur durch Zusatzkonstruktionen Bedeutung gewinnt.

Zeitdilatation und Zwillingsparadoxon sind rein kinematische, d. h. geometrische, Konstruktionen. Dementsprechend existieren euklidische Analoga. Zur Zeitdilatation ist dies bereits in Abbildung 67 erläutert worden. Wir wollen nun noch die Konstruktion des Zwillingsparadoxons auf die euklidische Geometrie übertragen (Abb. 70). Die senkrechte Parallelprojektion einer Strecke ist kürzer als die Strecke selbst. Folglich ist die dritte Seite eines Dreiecks kürzer als die Summe der beiden anderen (Dreiecksungleichung):

$$AC = AE + EC < AB + BC\,. \tag{37}$$

Ähnlich der Konstruktion des Zwillingsparadoxons fragen wir: Ist es nicht auch möglich, die beiden anderen Seiten (AB und BC) als Projektion der dritten Seite aufzufassen und das Gegenteil der Ungleichung (37) zu zeigen? Die Antwort ist analog der Lösung des Zwillingsparadoxons: BC ist die Projektion von $D'C$, und AB ist die Projektion von AD. Es gilt also

$$AB + BC < AD + D'C = AC + D'D\,,$$

und das ist kein Widerspruch zur Dreiecksungleichung (37).

In der galileischen Geometrie gibt es kein Zwillingsparadoxon. Weil alle Lote eine feste Richtung haben, fallen D, E und D' zusammen. Die längste Seite eines Dreiecks ist immer gleich der Summe der Längen der beiden anderen. Wie die Ungleichung (30) bedeutet, daß die Gerade zwischen zwei Punkten die E-kürzeste Verbindung ist, bedeutet (37), daß sie die M-längste zeitartige Verbindung zweier zeitartig gelegener Ereignisse ist. In der galileischen Geometrie dagegen ist die Bogenlänge einer Kurve nur von ihren Endpunkten und nicht von ihrer konkreten Gestalt abhängig.

11. Die Länge in der speziellen Relativitätstheorie

Die Relativität der Gleichzeitigkeit macht sich auch bei der gewöhnlichen Längenmessung bemerkbar. Die Länge eines Stabes wird gemessen, wenn man einen Zollstock anlegt und an beiden Enden des Stabes die Markierungen auf dem Zollstock abliest. Bewegt sich der Stab relativ zum Zollstock, dann muß man selbstverständlich *gleichzeitig* an beiden Enden des Stabes ablesen, wenn das Ergebnis einen Sinn haben soll. Damit sind wir bereits am Kern des Problems angelangt: Was gleichzeitig ist, hängt vom gewählten Inertialsystem ab, deshalb muß die gemessene Länge des bewegten Stabes von dem Inertialsystem abhängen, in dem sie gemessen wird. Zwei Beispiele: Wir können die Länge messen, indem wir im Ruhsystem des Stabes gleichzeitig an beiden Enden ablesen, wir können das aber auch tun, wenn wir im Ruhsystem des Zollstocks gleichzeitig an beiden Enden ablesen. Die Ergebnisse sind verschieden, weil die Definition der Gleichzeitigkeit in beiden Fällen verschieden ist. In Abbildung 71 sind die Weltlinien der Enden eines Zollstocks und eines gegen den Zollstock bewegten Stabes gezeichnet. Die Länge des Stabes in seinem Ruhsystem ist $\bar{x}(\bar{B})$ und gleich gewählt der Länge des Zollstocks in dessen Ruhsystem, das ist $x(A)$. Vergleichen wir Stab und Zollstock in einem Moment $t = 0$ des Ruhsystems des Zollstocks, so ist der Stab kürzer als der Zollstock: $x(\bar{\bar{B}}) < x(A)$. Vergleichen wir in einem Moment $\bar{t} = 0$ des Ruhsystems des Stabes, so ist der Stab länger als der Zollstock, $\bar{x}(\bar{B}) > \bar{x}(\bar{A})$. In beiden Fällen erscheint das bewegte Objekt gegenüber dem ruhenden Objekt verkürzt. Diese Erscheinung ist die Längenkontraktion nach Lorentz und Fitzgerald.

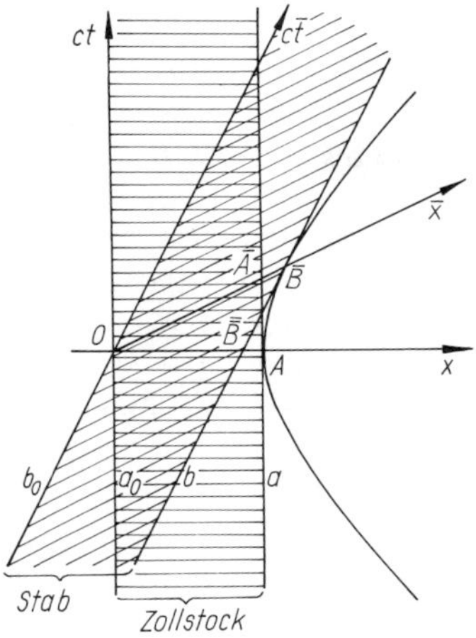

Abb. 71. Die Längenkontraktion.
Im Ruhsystem eines Zollstocks zeichnen wir die Weltlinien a_0 und a seiner Endpunkte. Wir wissen, daß die Eichkurve zur Länge OA eine Hyperbel ist. Wir legen die Weltlinien b_0 und b der Enden eines bewegten Stabes hinein. Diese Weltlinien sind parallel. Geht b_0 wie a_0 durch den Ursprung, so berührt B die Eichhyperbel, wenn die Ruhlängen von Stab und Zollstock gleich sind.

Zur Längenkontraktion gibt es eine Reihe von Beispielen, die das Merkwürdige an dieser Erscheinung verdeutlichen. Nehmen wir an, der Zollstock ist durch ein Rohr ersetzt, dessen Enden praktisch verzögerungsfrei verschließbar sind. Der Stab bewegt sich von links in das Rohr hinein und kommt am rechten Ende wieder heraus. Sobald das hintere Ende des Stabes (Weltlinie b_0) das linke Ende des Rohrstückes (Weltlinie a_0) erreicht hat, wird das linke und das rechte Ende verschlossen. Ist der Stab dann im Rohr eingeschlossen oder nicht? Der Stab bewegt sich relativ zum Rohr, ist also verkürzt und daher einschließbar – andererseits bewegt sich auch das Rohr relativ zum Stab, ist also relativ zum Stab verkürzt: Ein Stück des Stabes ist bereits wieder aus dem Rohr heraus, wenn das linke Stabende im

Rohr verschwindet, der Stab ist nicht einschließbar. Ist das nicht ein Widerspruch? „Zu dem Zeitpunkt, an dem das linke Ende des Stabes im Rohr verschwindet, wird rechts verschlossen" – in dieser Formulierung wird deutlich, daß eine Gleichzeitigkeitsdefinition benötigt wird. Gleichzeitigkeit hängt aber vom Inertialsystem ab, in dem sie durch die Zeitkoordinatengleichheit zweier Ereignisse gegeben ist. Beziehen wir alles auf das Rohr, dann rechnen wir mit Gleichzeitigkeit im Ruhsystem des Rohres. Der Stab ist verkürzt und das Schließereignis ist A (Abb. 71): Der Stab ist eingeschlossen. Beziehen wir alles auf den Stab, dann ist wegen der anderen Definition der Gleichzeitigkeit das Schließereignis $\bar{A}$: Der Stab ist nicht eingeschlossen. Das ist kein Widerspruch, denn $\bar{A}$ ist ersichtlich später als A, und es ist kein Wunder, wenn das rechte Stabende dann bereits wieder aus dem Rohr heraus ist. Auch drastischere Formulierungen, wie sie im Buch von E. F. Taylor und J. A. Wheeler angeführt werden, ändern daran nichts.

Komplizierter ist allerdings die folgende Fragestellung. Wir betrachten einen Stab, der sich längs einer Reihe von punktförmigen Hindernissen bewegt (Abb. 72). Die Länge des Stabes und die Distanz der Hindernisse sollen in ihrem jeweiligen Ruhsystem gleich sein. Der Stab bewege sich mit einer sehr kleinen zusätzlichen Geschwindigkeit ε auf die Hindernisreihe zu. Stab und Hindernisreihe seien parallel. Bei diesem Sachverhalt muß der Stab auf die Hindernisreihe

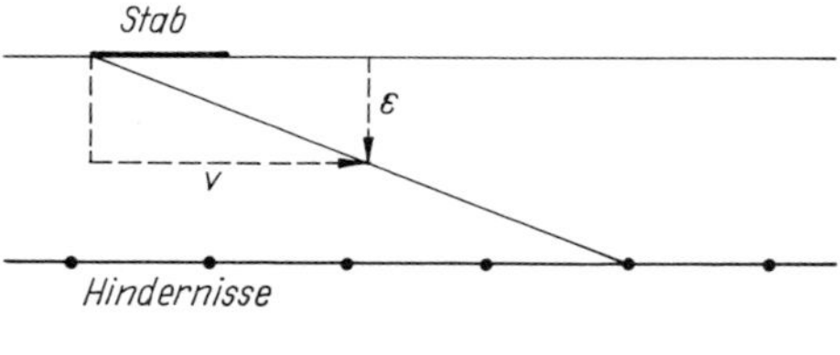

Abb. 72. Zum Maßstabparadoxon. I. Erläuterungen im Text

treffen. Es ergeben sich aber zwei scheinbar einander widersprechende Möglichkeiten der Beschreibung.

Fall 1: Vom Ruhsystem der Hindernisreihe aus gesehen bewegt sich der Stab. Er erscheint verkürzt und kann deshalb die Hindernisreihe passieren, wenn er auf eine Lücke trifft.

Fall 2: Im Ruhsystem des Stabes erscheint dagegen die Hindernisreihe verkürzt, d. h. verengt, der Stab kann daher auf keinen Fall ohne Kollision mit einem Hindernis passieren.

Worin liegt die Lösung? Damit die Verkürzung des Stabes bzw. der Hindernisreihe über das Passieren entscheidet, müssen Stab und Hindernisreihe parallel sein. Im Fall 1 müssen sie im Ruhsystem der Hindernisreihe parallel sein, im Fall 2 ist dagegen Parallelität im Ruhsystem des Stabes erforderlich. Das sind aber physikalisch verschiedene Situationen. Zwei sich gegeneinander bewegende Geraden können nur in einem Inertialsystem parallel sein. Das sieht man, wenn man beachtet, daß Parallelität in unserer Situation bedeutet, daß beide Enden des Stabes gleichzeitig die Hindernisreihe überqueren. Das ist der entscheidende Punkt. Die Parallelität zweier sich gegeneinander bewegender Geraden hängt mit der Definition der Gleichzeitigkeit zusammen und kann deshalb nicht unabhängig vom gewählten Bezugssystem sein. Überqueren die Stabenden die Hindernisreihe gleichzeitig im Ruhsystem der Hindernisreihe, so haben wir Fall 1 vor uns, der Stab kann passieren. Die Ereignisse, an denen die Stabenden die Hindernisreihe passieren, sind in Abbildung 73 mit A und B bezeichnet. Die Beschreibung dieses Falles im Ruhsystem des Stabes ist nicht identisch mit Fall 2. Die Hindernisreihe ist zwar auch vom Stab aus gesehen verengt, aber sie ist nicht mehr parallel zum Stab (Abb. 73). Das vordere Stabende erreicht die Hindernislinie zuerst. B ist früher als A im Ruhsystem des Stabes, der Stab passiert die Hindernisse wegen der dadurch implizierten Schrägstellung der Hindernisreihe.

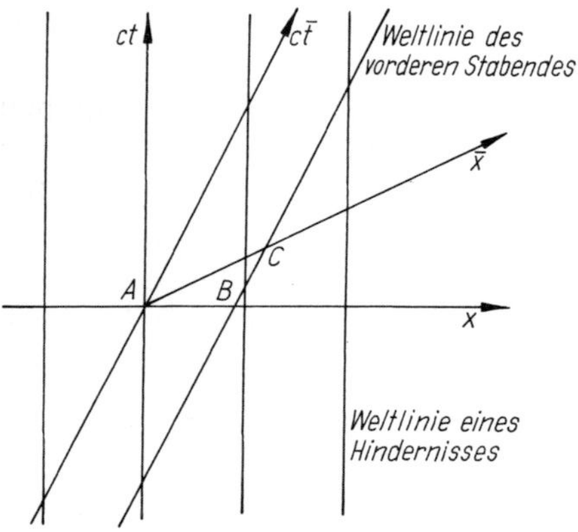

Abb. 73. Zum Maßstabparadoxon. II.
Wir zeichnen analog Abbildung 69 die Weltlinien der Hindernisreihe im Ruhsystem der Hindernisse und legen die Weltlinien der Enden des bewegten Stabes hinein, dessen Ruhlänge gleich dem Ruhabstand der Hindernisreihe ist. *A* und *B* sind gleichzeitig im Ruhsystem der Hindernisreihe, *A* und *C* gleichzeitig im Ruhsystem des Stabes.
Weitere Erläuterung im Text

Im Fall 2 haben wir Parallelität im Ruhsystem des Stabes. Im Ruhsystem des Stabes erreichen die Stabenden gleichzeitig die Hindernislinie (Ereignisse *A* und *C* in Abbildung 73). Fall 2 ist daher nicht eine zu Fall 1 äquivalente Beschreibung, sondern stellt eine andere physikalische Situation dar. Es ist daher kein Widerspruch, wenn das Ergebnis anders lautet: Der Stab passiert die Hindernisreihe nicht. Von der Hindernisreihe aus gesehen, ist der Stab auch in Fall 2 verkürzt, aber die beiden Enden erreichen die Hindernislinie nicht gleichzeitig. Vielmehr erreicht das hintere Ende diese Linie zuerst. *C* ist später als *A* im Ruhsystem der Hindernisreihe. Der Stab ist also gegen die parallele Lage so verdreht, daß er auf eins der Hindernisse aufläuft, obwohl er gegen deren Distanz verkürzt ist.

Wir haben mit der vorangegangenen Überlegung festgestellt, daß die relative Orientierung zueinander bewegter Objekte in den verschiedenen Bezugssystemen verschieden beurteilt wird. Die Frage der Parallelität von Stab und Hindernisreihe wird in den beiden betrachteten Bezugssystemen immer verschieden beantwortet. In dieser Bezugssystemabhängigkeit der relativen Orientierung liegt ein Fallstrick bei der Berechnung des transversalen Doppler-Effekts. Auf Grund der Zeitdilatation beobachtet man auch einen Doppler-Effekt senkrecht zu der Richtung, in der sich der Sender bewegt. Es soll hier nicht näher darauf eingegangen werden, nur muß darauf hingewiesen werden, daß die Formulierung „senkrecht zu der Richtung, in der sich der Sender bewegt" eine relative Orientierung betrifft, die im Ruhsystem des Senders anders beurteilt wird als im Ruhsystem des Beobachters. Dementsprechend erhalten wir verschiedene Formeln, wenn wir diesen Unterschied nicht beachten. Der die Zeitdilatation widerspiegelnde transversale Doppler-Effekt legt die Beobachtungsrichtung senkrecht zur Bewegungsrichtung des Senders im Inertialsystem des Beobachters fest.

Die Bezugssystemabhängigkeit der relativen Orientierung verursacht eine Präzessionsbewegung beschleunigter Kreisel, die Thomas-Präzession. Diese tritt an einem beschleunigt bewegten Kreisel auf. Zu einem gegebenen Ereignis E_1 habe dieser Kreisel die dreidimensionale Geschwindigkeit V und etwas später (E_2) die Geschwindigkeit $V + \Delta V$. Die Richtung seiner Drehimpulsachse wird durch den Drehimpuls $\boldsymbol{L}$ bzw. $\boldsymbol{L} + \Delta\boldsymbol{L}$ gegeben. Nun ist die Erhaltung dieses (dreidimensionalen) Drehimpulses eine Frage, die in Abhängigkeit vom Bezugssystem verschieden beantwortet werden muß. Ist $\Delta\boldsymbol{L} = 0$, dann sind die Drehimpulse zu den Ereignissen E_1 und E_2 parallel im Bezugssystem des Beobachters, aber im allgemeinen nicht im Ruhsystem des

Kreisels am Ereignis E_1. Umgekehrt: Sind die Drehimpulse im (momentanen) Ruhsystem des Kreisels parallel, dann sind sie es nicht mehr für einen Beobachter, gegen den sich der Kreisel bewegt, das heißt: Wirkt die den Kreisel beschleunigende Kraft so, daß der dreidimensionale Drehimpuls im Ruhsystem des Kreisels unverändert bleibt, dann beobachtet man von einem Inertialsystem aus eine Veränderung des Drehimpulsvektors, die Thomas-Präzession.

12. Der Doppler-Effekt in der speziellen Relativitätstheorie

Wir wenden uns noch einmal dem bereits in Abschnitt 4 behandelten Doppler-Effekt zu. Die dort berechnete Formel (11) ist Ausdruck der galileischen Geometrie und kann in der Minkowski-Geometrie nicht mehr gelten. Die neue, speziell-relativistische Formel erweist sich als Äquivalent der Lorentz-Transformation in der zweidimensionalen Raum-Zeit, wenn man passende operative Definitionen der Koordinaten wählt.

Abbildung 74 zeigt die betrachtete Situation. Sender und Empfänger bewegen sich unbeschleunigt, und der Sender emittiert mit konstanter Periode $cT_S = ct(A)$ ein Signal. Die vom Empfänger beobachtete Periode ist $cT_{B-} = -c\bar{t}(D)$, solange er sich auf den Sender zu bewegt und $cT_{B+} = c\bar{t}(B)$, wenn er sich wieder vom Sender entfernt. Das Dreieck $\triangle\, OAB$ wird in Abbildung 75 ausgewertet. Es ergibt sich

$$\frac{T_{B+}}{T_S} = \frac{c\bar{t}(B)}{ct(A)} = \sqrt{\frac{1+v}{1-v}}. \tag{38}$$

v ist dabei die Geschwindigkeit, mit der sich der Empfänger vom Sender entfernt. Um das Ergebnis auf den Fall der Annäherung zu erweitern, haben wir zwei Möglichkeiten. Erstens entfernt sich auch der Sender vom Beobachter mit der Geschwindigkeit v (Abb. 26), es gilt also nach Abbildung 74

$$\frac{ct(E)}{c\bar{t}(B)} = \sqrt{\frac{1+v}{1-v}}.$$

Für den Fall der Annäherung mit der Geschwindigkeit v ergibt sich

$$\frac{T_{B-}}{T_S} = \frac{c\bar{t}(D)}{ct(C)} = \frac{c\bar{t}(B)}{ct(E)} = \sqrt{\frac{1-v}{1+v}}. \tag{39}$$

Wir erhalten dieses Ergebnis auch, wenn wir in (38) bei Annäherung die Geschwindigkeit negativ einsetzen. Gleichung (39) zeigt dann den Kehrwert von (38). Der Doppler-Effekt hängt nur von der Relativgeschwindigkeit von Sender und Empfänger ab. In der galileischen Kinematik (11) ist das nicht so. Dort geht in der zweiten Näherung der Geschwindigkeiten die Geschwindigkeit gegen das Medium in die Berechnung ein:

$$T_B = T_S\left(1 - \frac{u-v}{w} + \left(\frac{v}{w}\right)^2 - \frac{uv}{w^2} + \ldots\right). \tag{40}$$

Die Differenz zwischen (38) und (40) läßt sich experimentell nachprüfen. Man findet die Formeln (38) und (39) der einsteinschen Kinematik bestätigt.

Wir beginnen jetzt mit der Konstruktion der Lorentz-Transformation (21) aus Doppler-Effekt und Relativitätsprinzip, wie sie auch bei H. Bondi beschrieben ist.

Wir setzen voraus:

1. Die Weltlinien der betrachteten Signale sind in einem Bezugssystem gegeben und werden dort durch zwei Parallelenscharen gegeben.
2. Die Zeit läuft auf unbeschleunigten Uhren immer so ab, daß

$$\frac{c\bar{t}(B)}{ct(A)} = \frac{ct(E)}{c\bar{t}(B)} = k \tag{41}$$

entsprechend Abbildung 74 ist. Der Wert von k hängt hierbei nur von den beiden betrachteten Weltlinien ab.

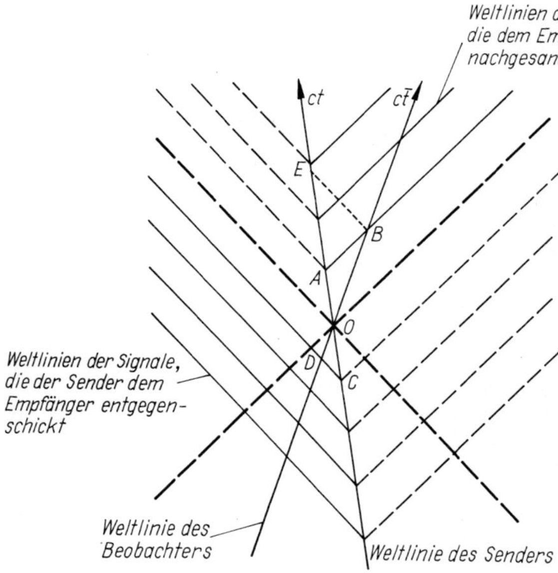

Abb. 74. Der relativistische Doppler-Effekt. I.
Wir zeichnen die Weltlinien von Sender und Beobachter und den Lichtkegel im Schnittpunkt der beiden Weltlinien. Danach bestimmen wir die Ereignisse auf der Weltlinie des Senders, zu denen Signale abgesandt werden (u. a. *C*, *O* und *A*). Bewegen sich Sender und Beobachter aufeinander zu, so gilt

$$\frac{T_B}{T_S} = \frac{c\bar{t}(D)}{ct(C)} = \frac{c\bar{t}(B)}{ct(E)},$$

entfernen sie sich voneinander, ergibt sich

$$\frac{T_B}{T_S} = \frac{c\bar{t}(B)}{ct(A)}.$$

Die Synthese dieser beiden Voraussetzungen geschieht über die Konstruktion von Abbildung 76. Formel (41) bedeutet zweierlei. Erstens ist der Doppler-Effekt in der Annäherungsphase immer gleich dem reziproken Wert des Effekts

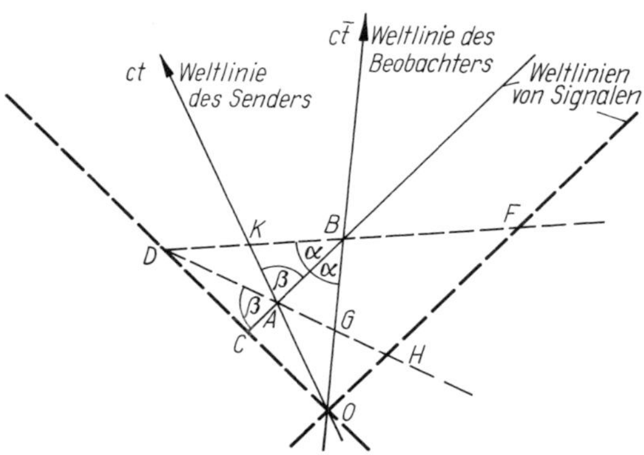

Abb. 75. Der relativistische Doppler-Effekt. II.
Wir zeichnen den Lichtkegel durch den Schnittpunkt der Weltlinien von Sender und Beobachter. Auf der Weltlinie des Senders wählen wir den Punkt A entsprechend der Periode ($ct(A) = cT_S$) und zeichnen die Weltlinie des dort ausgesandten Signals, die wir bis C verlängern, und finden B. $c\bar{t}(B) = cT_B$ stellt die beobachtete Periode dar. Wir markieren D, das der Bedingung $DC = CO$ genügen soll. Dann ist DB die Parallele zu $\bar{x}$-Achse und DA die Parallele zur x-Achse. Die Schnittpunkte benennen wir wie in der Abbildung. Wir wissen, daß das Doppelverhältnis

$$\frac{BK}{BD} \cdot \frac{ED}{EK} = \frac{2v}{1+v}$$

ist, wobei v die Geschwindigkeit von $\bar{\Sigma}$ gegen Σ darstellt. Dieses Doppelverhältnis bleibt bei der Projektion auf die Gerade DH erhalten,

$$\frac{GA}{GD} \cdot \frac{HD}{AH} = \frac{2v}{1+v}.$$

Die Symmetrie um die Gerade CB impliziert jedoch $GA/GD = KA/KO$ und $HA = \frac{1}{2} HD$. Wir finden

$$\frac{KA}{KO} = \frac{v}{1+v}, \qquad \frac{KO}{AO} = 1 + v.$$

Nun ist aber

$$cT_B = c\bar{t}(B) = c\bar{t}(K) = \frac{ct(K)}{\sqrt{1-v^2}} = ct(A)\sqrt{\frac{1+v}{1-v}} = cT_S\sqrt{\frac{1+v}{1-v}}.$$

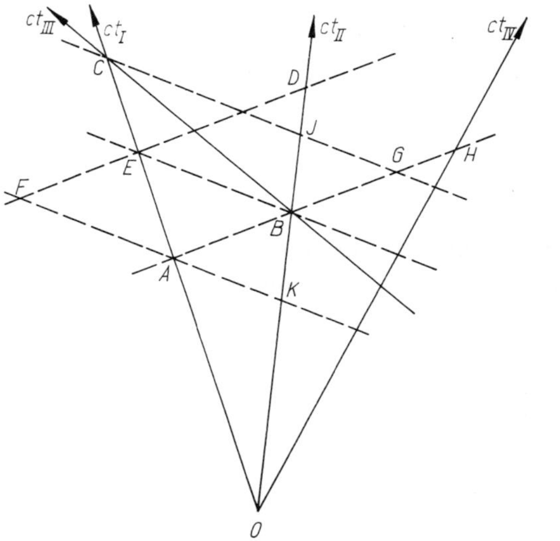

Abb. 76. Doppler-Effekt und Relativitätsprinzip.
Wir zeichnen die Weltlinien vierer Beobachter. Drei dieser Weltlinien sollen sich in *O* schneiden. Wir legen die Weltlinien von Signalen durch *B* und finden *A*, *E* und *H*. Die Weltlinien der Signale sind hier nicht als Winkelhalbierende zwischen Vertikale und Horizontale gezeichnet, weil die Lage und Eichung der Koordinatenachsen nicht vorausgesetzt, sondern erschlossen wird. Durch *E* ziehen wir eine Parallele zu *AH*, durch *A* und *C* Parallelen zu *BE* und finden *K*, *F*, *D*, *J* und *G*. Ein vom Ereignis *A* ausgesandtes und im Ereignis *B* reflektiertes Signal trifft zu *E* wieder beim Beobachter I ein. Die entsprechenden Bezugsereignisse von *G* sind auf der Weltlinie des Beobachters I *A* und *C* und auf der des Beobachters II *B* und *J*.
Weitere Erläuterung im Text

in der Phase zunehmender Entfernung. Zweitens bedeutet sie, daß der Beobachter I einen Sender auf der Weltlinie II in der gleichen Frequenz sieht, wie II diesen Sender sehen würde, wenn dieser sich auf der Weltlinie I bewegte. Wir setzen damit voraus, daß der Doppler-Effekt nur von der Relativbewegung von I und II abhängt, wenn die Signale Lichtsignale sind. Nun definieren wir Raum- und Zeitkoordinaten relativ zum Beobachter I durch die Laufzeit der Signale, die zu diesem Ereignis gesandt bzw. von ihm empfangen werden. Die Koordinaten des Ereignisses B definieren wir über

$$ct_{\mathrm{I}}(B) = \tfrac{1}{2}\,(ct_{\mathrm{I}}(E) + ct_{\mathrm{I}}(A))\,,$$

$$x_{\mathrm{I}}(B) = \tfrac{1}{2}\,(ct_{\mathrm{I}}(E) - ct_{\mathrm{I}}(A))\,.$$

Diese Koordinatendefinition bedeutet, daß alle Geschwindigkeiten in den Einheiten der Signalgeschwindigkeit bestimmt sind. Die Geschwindigkeit der Signale ist nun immer gleich eins. Die Geschwindigkeit von II gegen I ist jetzt

$$v = \frac{ct_{\mathrm{I}}(E) - ct_{\mathrm{I}}(A)}{ct_{\mathrm{I}}(E) + ct_{\mathrm{I}}(A)}\,.$$

Auf Grund von Gleichung (41) gilt

$$ct_{\mathrm{I}}(E) = kct_{\mathrm{II}}(B) = k^2 ct_{\mathrm{I}}(A)$$

und

$$v = \frac{k^2 - 1}{k^2 + 1}\,, \qquad k = \sqrt{\frac{1 + v}{1 - v}}\,. \tag{43}$$

Das einsteinsche Additionstheorem erhalten wir als Produkt- oder Kettenregel von k:

$$\bar{\bar{k}} = \frac{ct_{\mathrm{IV}}(H)}{ct_{\mathrm{I}}(A)} = \frac{ct_{\mathrm{IV}}(H)}{ct_{\mathrm{II}}(B)}\,\frac{ct_{\mathrm{II}}(B)}{ct_{\mathrm{I}}(A)} = \bar{k}\cdot k\,. \tag{44}$$

Schließlich wollen wir noch die entstehende Dreiecksungleichung – das Äquivalent des Zwillingsparadoxons – ableiten. Dazu vergleichen wir die Zeit $ct_{\mathrm{I}}(C)$ mit

$$ct^*(C) = ct_{\mathrm{III}}(C) - ct_{\mathrm{III}}(B) + ct_{\mathrm{II}}(B)\,.$$

Wegen (41) gilt

$$ct_{\mathrm{III}}(C) - ct_{\mathrm{III}}(B) = \bar{k}(ct_{\mathrm{I}}(C) - ct_{\mathrm{I}}(E)) = \frac{1}{\bar{\bar{k}}}\,(ct_{\mathrm{I}}(C) - ct_{\mathrm{I}}(A))$$

und

$$ct_{\mathrm{II}}(B) = kct_{\mathrm{I}}(A) = \frac{1}{k}\,ct_{\mathrm{I}}(E)\,.$$

Wir können also zwei Parameter λ und $\bar{\lambda}$ beliebig wählen und dann

$$ct^*(C) = (1 - \bar{\lambda})\,\bar{k}(ct_{\mathrm{I}}(C) - ct_{\mathrm{I}}(E)) + \frac{\bar{\lambda}}{\bar{k}}\,(ct_{\mathrm{I}}(C) - ct_{\mathrm{I}}(A))$$

$$+ (1 - \lambda)\,kct_{\mathrm{I}}(A) + \frac{\lambda}{k}\,ct_{\mathrm{I}}(E)$$

schreiben. λ und $\bar{\lambda}$ wählen wir nun so, daß die Beiträge von $ct_{\mathrm{I}}(A)$ und $ct_{\mathrm{I}}(E)$ verschwinden:

$$\lambda = \bar{\lambda} = \frac{k\bar{k}}{1 + k\bar{k}}\,.$$

Beachten wir nun, daß k und $\bar{k}$ größer als eins sind, so finden wir wegen $(1 - k)(1 - \bar{k}) > 0$ auch $k + \bar{k} < 1 + k\bar{k}$. Für $ct^*(C)$ folgt

$$ct^*(C) = \frac{k + \bar{k}}{1 + k\bar{k}}\,ct_{\mathrm{I}}(C) < ct_{\mathrm{I}}(C)\,. \qquad (45)$$

Das ist die Aussage des Zwillingsparadoxons.

Wir sehen weiterhin: F und B sind gleichzeitig für I, nicht aber für II. Für II wäre der Mittelpunkt der Strecke KD gleichzeitig mit F. Die Gleichzeitigkeit erweist sich als relativ. Schließlich ergibt sich die Lorentz-Transformation aus dem Vergleich der Ortungen eines Ereignisses G von I und II aus. Wir definieren die Koordinaten von G nach den Gleichungen (42):

$$
\begin{aligned}
ct_{\mathrm{I}}(E) &= ct_{\mathrm{I}}(G) + x_{\mathrm{I}}(G)\,,\\
ct_{\mathrm{I}}(A) &= ct_{\mathrm{I}}(G) - x_{\mathrm{I}}(G)\,,\\
ct_{\mathrm{II}}(J) &= ct_{\mathrm{II}}(G) + x_{\mathrm{II}}(G)\,,\\
ct_{\mathrm{II}}(B) &= ct_{\mathrm{II}}(G) - x_{\mathrm{II}}(G)\,.
\end{aligned}
$$

Beachten wir nun, daß $ct_{\mathrm{II}}(B) = kct_{\mathrm{I}}(A)$ und $ct_{\mathrm{II}}(J) = c\,t_{\mathrm{I}}(E)/k$ ist, so ergeben sich die Formeln der Lorentz-Transformation

$$
ct_{\mathrm{II}} = \frac{k^2+1}{2k}\left(ct_{\mathrm{I}} - \frac{k^2-1}{k^2+1}\,x_{\mathrm{I}}\right),
$$

$$
x_{\mathrm{II}} = \frac{k^2+1}{2k}\left(x_{\mathrm{I}} - \frac{k^2-1}{k^2+1}\,ct_{\mathrm{I}}\right).
$$

Die Konstruktion der Koordinaten mit Lichtsignalen erweckt den Verdacht, daß die Lorentz-Transformationen und mit ihnen die spezielle Relativitätstheorie eine reine Konvention über die Größe der Lichtgeschwindigkeit und die isotrope Ausbreitung des Lichts enthalten. Es sieht nach Vereinbarung aus, wenn wir die Koordinaten so wählen, daß die mittlere Geschwindigkeit des Lichtsignals immer gleich c ist. Wir müssen aber berücksichtigen, daß die vorgelegte Konstruktion der Koordinaten die spezielle Eigenschaft des Doppler-Effekts voraussetzt, daß ein Beobachter mit der Geschwindigkeit v_1 am Sender mit der Geschwindigkeit v_2 den gleichen Doppler-Effekt (k_1) beobachtet, wie ein Beobachter mit v_2 an einem Sender mit v_1 sehen würde (k_2). Dies ist das Relativitätsprinzip für den Doppler-Effekt. Es ist nicht selbstverständlich, sondern Ergebnis der experimentellen Prüfung. Nach der galileischen Kinematik berechnet man nämlich nicht $k_1 = k_2$, sondern

$$
\frac{k_1}{k_2} = \frac{1 - v_1^2}{1 - v_2^2}\,.
$$

In einer E-Geometrie würde man an dieser Stelle den Zusammenhang

$$\frac{k_1}{k_2} = \frac{1 - v_1^2}{1 - v_2^2} \cdot \frac{1 + v_2^2}{1 + v_1^2}$$

finden. Die obige Koordinatenkonstruktion ist also keine Frage der Konvention, sie ist in der vorgelegten Weise nur möglich, weil das Relativitätsprinzip für das Licht gilt, dessen isotrope Ausbreitung und konstante Geschwindigkeit nachgemessen werden muß.

Hier erhebt sich die Frage, an welcher anderen Geschwindigkeit die Konstanz der Lichtgeschwindigkeit zu prüfen ist, das heißt, ob die Maßeinheiten von Zeit und Länge überhaupt so definiert werden können, daß die abgeleitete Maßeinheit der Geschwindigkeit unabhängig von der Lichtgeschwindigkeit festgelegt ist. In der heute gültigen Version des SI ist die Einheit für die Geschwindigkeit ohnehin fest proportional der Lichtgeschwindigkeit, weil diese so sehr genau meßbar ist und deshalb als Etalon geradezu dienen muß. Dann ist aber die Maßzahl der Lichtgeschwindigkeit durch Gesetz fixiert. Veränderlichkeit der Lichtgeschwindigkeit kann also nur Veränderung gegen andere Geschwindigkeitsnormale der Natur bedeuten. Der historische Aufbau von Zeit- und Längenmessung hat ohnehin nicht unmittelbar auf Geschwindigkeitsnormale Bezug genommen, auch nicht so, wie wir das in der abstrakten Konstruktion des Inertialsystems in der speziellen Relativitätstheorie getan haben (vgl. S. 57). Die Zeitmessung ist bereits an der gleichförmigen Bewegung orientiert, wenn wir sie mit der Rotation der Erde messen. Die Länge jedoch wurde durch Abtragen eines Standardmaßstabes ermittelt. Wir müssen uns daher diesen Standardmaßstab genauer ansehen. Die Abmessungen eines festen Körpers werden durch die Wechselwirkungen der den Körper konstituierenden Atome bestimmt. Der Längenmaßstab in diesem Bereich ist aber der Bohrsche Radius, $r = \hbar^2 m^{-1} e^{-2}$ (m und e sind Masse und Ladung des Elektrons, $\hbar \approx 10^{-34}$ Js die Plancksche Konstante). Vergleichen wir mit der atomaren Zeiteinheit, die durch die Rydberg-Konstante gegeben ist ($R = me^4/4\pi\hbar^3$ ist die Frequenz der Strahlung, die Wasserstoff gerade noch ionisieren könnte), so erhalten wir ein Geschwindigkeitsnormal, das unabhängig von der Lichtgeschwindigkeit ist:

$$rR = \frac{e^2}{4\pi\hbar}.$$

Veränderlichkeit der Lichtgeschwindigkeit gegen diese Einheit bedeutet Veränderlichkeit der Sommerfeldschen Feinstrukturkonstanten $\alpha = e^2/\hbar c$. Die genaue Vermessung der Aufspaltung von Spektrallinien an fernen kosmischen Objekten, deren Licht aus tiefer Vergangenheit zu uns kommt, zeigt, daß es keine Anzeichen für eine solche Veränderlichkeit gibt.

13. Impuls, Masse und Energie

Der Impuls ist die Größe, deren Erhaltungssatz mit der Mischungsregel für die Geschwindigkeiten beim total unelastischen Stoß identisch ist. Rechnen wir mit der Geschwindigkeit als (Koordinaten-)Weg pro (Koordinaten-)-Zeit, so hängt die Masse von der Geschwindigkeit ab, wie das mit den Gleichungen (16) und (19) bestimmt wurde. Diese Masse ist die Komponente des Impulses in der Zeitrichtung. Wir schreiben

$$\boldsymbol{p} = \frac{m_0}{\sqrt{1 - \frac{V^2}{c^2}}} \left(\frac{V}{c}, 1 \right). \tag{47}$$

m_0 ist die Masse des Objektes im mitbewegten Inertialsystem, d. h. im Ruhsystem des Objekts. Sie heißt Ruhmasse. Das minkowskische Betragsquadrat (mit dem Minuszeichen vor dem Quadrat der räumlichen Komponenten) des Impulses ist

$$\|\boldsymbol{p}\|^2 = m_0^2 c^2 . \tag{48}$$

Nach dieser Konstruktion ist der Zahlenwert der Ruhmasse unabhängig vom Inertialsystem, in dem das Objekt gemessen wird, und unabhängig von der Geschwindigkeit V, mit der es sich bewegt.

Entwickeln wir die Zeitkomponente des Impulses nach der Geschwindigkeit, so erhalten wir

$$mc = \frac{m_0 c}{\sqrt{1 - \frac{V^2}{c^2}}} = m_0 c \left(1 + \frac{V^2}{2c^2} + \dots\right)$$

$$= \frac{1}{c}\left(m_0 c^2 + \frac{m_0}{2} V^2 + \dots\right).$$

Für kleine Geschwindigkeiten ist die Zeitkomponente des Impulses bis auf einen konstanten Summanden proportional der kinetischen Energie des Objekts. Den Summanden $E_0 = m_0 c^2$ nennen wie Ruhenergie des Objekts. Wir schreiben daher für kleine Geschwindigkeiten

$$mc^2 = \mathrm{m}_0 c^2 + \frac{m}{2} V^2 = E_0 + E_{\text{kin}} \,. \tag{49}$$

Ist diese Formel auch für große Geschwindigkeiten richtig? Wenn man nicht an der Formel $E_{\text{kin}} = \frac{1}{2} mV^2$ festhält, sondern die kinetische Energie definiert als die Arbeit, die an einem Objekt geleistet werden muß, damit es aus dem Zustand der Ruhe (im gegebenen Inertialsystem) auf die Geschwindigkeit V beschleunigt wird, erhält man für beliebige Geschwindigkeiten

$$E_{\text{kin}} = mc^2 - m_0 c^2 \,. \tag{50}$$

Ist nun die Ruhenergie $E_0 = m_0 c^2$ nur eine Konstante, oder beschreibt E_0 eine Energie, die in kinetische Energie umgewandelt werden kann? Wenn wir von der Umwandlung von Energieformen ineinander sprechen, dann unterstellen wir einen Energieerhaltungssatz, der über die Erhaltung der kinetischen Energie bei elastischen Stößen hinausgeht. In der newtonschen Mechanik beobachten wir den unelastischen Stoß, bei dem die kinetische Energie der Stoßpartner verringert wird. Wir können aber das mechanische Wärmeäquivalent feststellen, d. h., wir können sagen, daß sich der Fehlbetrag an kinetischer Energie der Stoßpartner in Wärmeenergie, allgemeiner innere Energie, umgewandelt hat. Der Erhaltungssatz für die vierte Komponente des Impulses, der ja in der Mischungsregel für die Geschwindigkeiten enthalten ist, bedeutet aber, daß die Summe der kinetischen Energien plus Summe der Ruhenergien konstant bleibt. Deshalb muß der Term E_0 die innere Energie eines Objekts enthalten. Es gibt folglich Umsetzungen zwischen kinetischer Energie und Ruhenergie. Die Größe m_0c^2 ist keine bloße Normierungskonstante.

Teilchen, die sich mit Lichtgeschwindigkeit bewegen, haben nach Gleichung (48) die Ruhmasse null. Das Standardbeispiel für solche Teilchen sind die Quanten des elektromagnetischen Feldes, die Photonen, die für die Veranschaulichung der einsteinschen Kinematik auch als Lichtwellengruppen vorstellbar sind. Für diese gilt, daß der Betrag der Raumkomponente des Impulses gleich seiner Zeitkomponente ist. Experimentell findet man bestätigt, daß die Energie dieser Teilchen proportional dem Impuls ist, daß für diese Teilchen $E = p \cdot c$ gilt. Auch für diese Teilchen ist also die Zeitkomponente des Impulses proportional der Gesamtenergie. Dabei besteht diese ausschließlich aus kinetischer Energie. Wir haben daher das Recht, als Gesamtenergie

$$E = mc^2 \tag{51}$$

zu schreiben. Die Bestätigung dafür, daß wirklich die gesamte Ruhenergie eines Teilchens in kinetische Energie umgewandelt werden kann, findet man in Stoßreaktionen von Elementarteilchen, bei denen nur Teilchen der Ruhmasse null übrigbleiben, nur Teilchen, die sich mit Lichtgeschwindigkeit bewegen.

Die Formel $E_{\mathrm{kin}} = mc^2 - \mathrm{m}_0c^2$ entspricht der Geschwindigkeitsabhängigkeit

$$m = \frac{m_0}{\sqrt{1 - \frac{V^2}{c^2}}}$$

der trägen Masse und daher der Hyperbelform der Eichkurven (Abb. 13, 33). In der E-Geometrie sind die Eichkurven Kreise, ihnen entspräche die Geschwindigkeitsabhängigkeit

$$m = \frac{m_0}{\sqrt{1 + \frac{V^2}{c^2}}}$$

der trägen Masse, und die kinetische Energie lautete

$$E_{\text{kin}} = m_0 c^2 - mc^2 \, .$$

(Hier ist c nur eine geometrietypische Konstante. Sie bedarf ohnehin nicht der Interpretation als Lichtgeschwindigkeit.) Das Experiment entscheidet, welche Geometrie anwendbar ist – und wir beobachten eine der M-Geometrie entsprechende Kinematik und Dynamik (vgl. unsere Diskussion in Abschnitt 8).

Die Relation (51) ist eines der merkwürdigsten Ergebnisse der speziellen Relativitätstheorie. Sie besagt, daß der Erhaltungssatz der Energie eine Komponente des Erhaltungssatzes des Impulses und in der Mischungsregel für die Geschwindigkeit enthalten ist. Das ist in der newtonschen Mechanik nicht der Fall. Hier sind die Massen unveränderlich, und es gilt ohne weiteres auch kein mechanischer Energieerhaltungssatz: Mechanische Energie geht bei unelastischen Prozessen verloren, und es bedarf zusätzlicher theoretischer Konstruktionen, um den Energieerhaltungssatz bei unelastischen Reaktionen beibehalten zu können. In der speziellen Relativitätstheorie ist der Erhaltungssatz der trägen Masse mit dem Energieerhaltungssatz identisch. Jede Energieform hat träge Masse, und der Proportionalitätsfaktor ist c^2. Wir weisen hier nochmals auf den Unterschied zwischen träger Masse und Ruhmasse hin. Die träge Masse ist der Faktor zwischen Impuls und der Koordinatengeschwindigkeit V, hingegen ist die Ruhmasse nur die träge Masse im mitbewegten Inertialsystem. Die Ruhmasse ist eine vom Inertialsystem und damit von der Geschwindigkeit des Objekts in diesem unabhängige Konstruktion, die träge Masse aber hängt von der Geschwindigkeit V ab. Ein Teilchen, das sich mit Lichtgeschwindigkeit bewegt, hat keine Ruhmasse. Es gibt ja auch kein Inertialsystem, in dem dieses Teilchen in Ruhe wäre. Die Eigenschaft, sich mit Lichtgeschwindigkeit zu bewegen, ist unabhängig vom Inertialsystem. Das ist ja gerade die Voraussetzung bei der Konstruktion der speziell-relativistischen Kinematik. Dennoch hat ein solches Teilchen träge Masse entsprechend der von ihm mitgeführten Energie. Der Erhaltungssatz gilt für die Summe der trägen Massen, nicht für die Summe der Ruhmassen.

Die Formel (51) bedeutet nicht, daß Energie in Masse verwandelt werden kann oder umgekehrt. Gesamtenergie und Gesamtmasse bleiben immer erhalten. Was sich ineinander verwandeln kann, sind Ruhenergie (und damit Ruhmasse) und kinetische Energie. Beispiele dafür wollen wir im nächsten Abschnitt untersuchen.

14. Stoßprozesse

Die Ausführungen dieses Abschnitts sollen den Energie-Impuls-Erhaltungssatz und die Umwandlung von Ruhenergie und kinetischer Energie an Hand verschiedener Beispiele für Stoßprozesse von Teilchen erläutern. Wir betrachten Prozesse, bei denen Teilchen in einem beschränkten Zeitraum miteinander wechselwirken, während sie sich vorher und nachher praktisch nicht beeinflussen und wir Gesamtenergie, Gesamtimpuls usw. durch Addieren dieser Größen an den einzelnen Teilchen erhalten. Solche Prozesse heißen Stoßprozesse. Hier sollen nur die einfachsten Bilanzen interessieren.

Bei der Compton-Streuung stößt ein ruhmasseloses Teilchen elastisch gegen ein massives Teilchen (Ruhmasse $m_1 > 0$). Elastischer Stoß heißt, daß die Teilchencharakteristiken (Anzahl, Ruhmassen, Ladungen, Eigendrehimpulse) erhalten bleiben. Außer der Erhaltung der Gesamtenergie wird also noch die gesonderte Erhaltung der Ruhenergie und damit die gesonderte Erhaltung der kinetischen Energie beobachtet. Wir konstruieren die Compton-Streuung im Ruhsystem des massiven Teilchens vor dem Stoß (Abb. 77). Das massive Teilchen (Impuls $\boldsymbol{p}_1$) wird von dem ruhmasselosen (Impuls $\boldsymbol{q}_1$) angestoßen und übernimmt einen Teil von dessen Impuls und Energie, aber so, daß die Ruhmasse des massiven Teilchens unverändert bleibt. Der Impulsvektor $\boldsymbol{p}_2$ des massiven Teilchens nach dem Stoß muß also auf der gleichen Eichhyperbel wie $\boldsymbol{p}_1$ enden. Wir finden für die Energie des ruhmasselosen Teilchens nach dem Stoß

$$q_2 = \frac{m_1 q_1}{m_1 + 2q_1}. \tag{52}$$

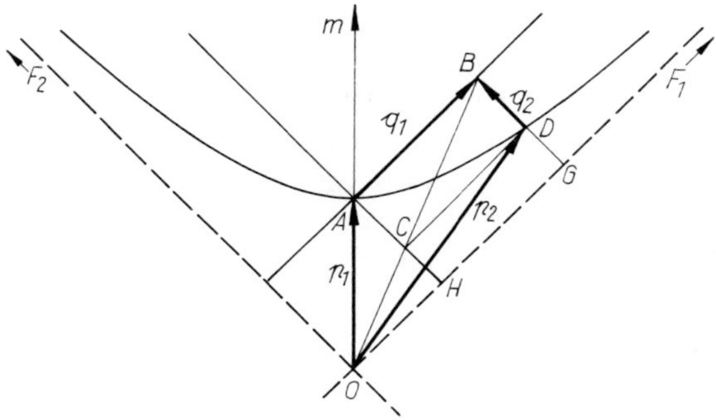

Abb. 77. Der elastische Stoß eines ruhmasselosen Teilchens mit ruhenden Teilchen.

Wir konstruieren zunächst mit $\boldsymbol{p}_1 = OA$ und $\boldsymbol{q}_1 = AB$ den Gesamtimpuls $\boldsymbol{P} = OB$. Von $\boldsymbol{P}$ ziehen wir $\boldsymbol{q}_2 = DB$ ab und finden $\boldsymbol{p}_2 = OD$. Da $\boldsymbol{p}_1$ und $\boldsymbol{p}_2$ zur gleichen Ruhmasse gehören sollen, gilt es, D als den Punkt der Hyperbel durch A zu finden, in dem die Hyperbel von der durch B gezogenen Asymptotenparallelen geschnitten wird. Diesen Punkt finden wir mit der Konstruktion, nach der die Hyperbel durch zwei projektive Parallelenbüschel erzeugt wird (Abb. 91). Wir ziehen durch A und B die Asymptotenparallelen, finden C als Schnitt mit OB und D als Schnitt der Asymptotenparallelen durch B und C. Rechnen wir mit den Zeitkomponenten der vier Impulse

$$q_2 = \frac{BD}{\sqrt{2}}, \qquad m_1 = BG\sqrt{2}, \qquad m_1 + 2q_1 = OG\sqrt{2}, \qquad q_1 = \frac{HG}{\sqrt{2}},$$

so ergibt sich mit dem Ähnlichkeitssatz $BD/BG = HG/OG$ die Formel

$$q_2 = \frac{q_1}{1 + \dfrac{2q_1}{m_1}}.$$

Beachten wir, daß die Zeitkomponente des Impulses eines (ruhmasselosen) Photons das Produkt $q = h\nu$ der Frequenz ν mit der Planckschen Konstante h ist, so finden wir die Formel für den Compton-Effekt (im Falle der Rückwärtsstreuung, weil wir hier nur mit einer räumlichen Dimension rechnen):

$$\nu_2 = \frac{\nu_1}{1 + 2\dfrac{h\nu_1}{m_1}}.$$

Diese Formel kann im Experiment bestätigt werden. Als ruhmasselose Teilchen werden Photonen benutzt, deren Energie proportional ihrer Frequenz ist, so daß die Formel (52) durch die Messung der Frequenz des an freien (geladenen) Teilchen rückwärts gestreuten Lichts geprüft werden kann. Fliegt das gestreute Photon in einer Richtung weiter, die den Winkel α zur Einfallsrichtung hat, so lautet (52) allgemeiner

$$q_2 = \left| \frac{m_1 q_1 \cos\alpha}{m_1 + q_1(1 - \cos\alpha)} \right| .$$

Formel (52) ist der Spezialfall $\alpha = \pi$.

Was passiert, wenn das ruhmasselose Teilchen nicht gestreut, sondern total absorbiert wird? Dann ist der Prozeß nicht mehr elastisch – die Teilchenzahlen bleiben nicht erhalten und die Ruhmasse des massiven Teilchens auch nicht. Das resultierende Teilchen hat nach Abbildung 77 den Impuls, der durch die Strecke OB dargestellt wird. Zu diesem Impuls gehört eine größere Ruhmasse als zu $\boldsymbol{p}_1$. Die Umkehrung dieses Prozesses ist die Abstrahlung eines ruhmasselosen Teilchens. Abbildung 78 zeigt diesen Prozeß im Ruhsystem des Teilchens vor der Abstrahlung. Die Abstrahlung ist mit einem Verlust an Ruhmasse und einem Rückstoß verbunden. Die Energie des abgestrahlten Teilchens wird aus der Ruhenergie bestritten. Im umgekehrten Prozeß bewirkt die absorbierte Energie eine Zunahme an innerer Energie des absorbierenden Teilchens, seine Ruhenergie und seine Ruhmasse müssen wachsen.

Der Ruhmasseverlust bei Strahlung gilt für ein strahlendes Atom genauso wie für ein Elementarteilchen, das in ein Photon und ein Teilchen geringerer Ruhmasse zerfällt, etwa $\Sigma^0 \to \Lambda^0 + \gamma$. Ohne Ruhmasseverlust ist keine Abstrahlung kinematisch kausaler Teilchen – das heißt Teilchen mit einer Geschwindigkeit kleiner oder gleich der Lichtgeschwindigkeit – möglich (Abb. 79). Zwei Punkte auf der

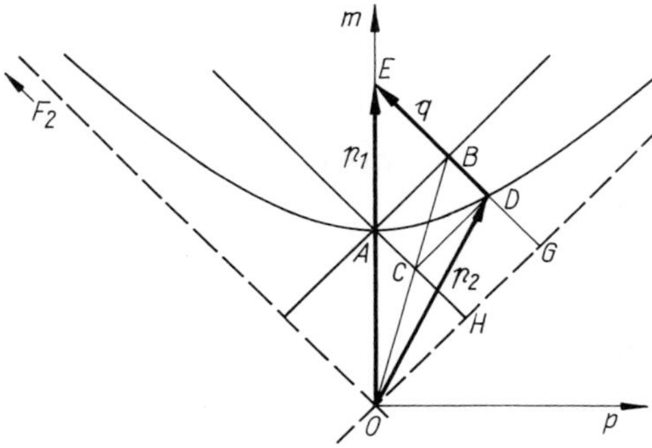

Abb. 78. Die Abstrahlung eines ruhmasselosen Teilchens.
Der Impuls $\boldsymbol{p}_1 = OE$ setzt sich aus einem Impuls $\boldsymbol{p}_2 = OD$ gegebener Ruhmasse und einem Impuls $\boldsymbol{q} = DE$ ohne Ruhmasse zusammen. Die Ruhmasse von $\boldsymbol{p}_2$ definiert eine Hyperbel, die implizit durch einen Punkt A gegeben ist. OA repräsentiert die Ruhmasse. D ist der Schnittpunkt der durch A gegebenen Hyperbel mit einer Asymptotenparallele durch E. Wir finden D wie in Abbildung 77. Zeichnen wir im Ruhsystem von $\boldsymbol{p}_1$, so gilt für die Zeitkomponenten der Impulse analog Abbildung 77

$$q = \frac{DE}{\sqrt{2}}, \qquad m_1 = OG\sqrt{2}, \qquad m_2 = OH\sqrt{2}, \qquad m_1 - m_2 = BE\sqrt{2}.$$

Wir finden

$$\frac{BD}{BE} = \frac{OH}{OG}, \qquad \frac{ED}{EB} = \frac{OG + OH}{OG}, \qquad q = \frac{m_1^2 - m_2^2}{2m_1}.$$

m_2 bezeichnet hier die Ruhmasse von $\boldsymbol{p}_2$. m_1 ist nach Voraussetzung gleich der Ruhmasse, da wir im Ruhsystem von $\boldsymbol{p}_1$ gezeichnet haben.

Kurve konstanter Ruhmasse, der Hyperbel im oberen Quadranten, liegen immer raumartig zueinander. Ein Prozeß, der die Impulse ändert, ohne die Ruhmasse zu ändern, kann also nur im Entstehen oder Absorbieren eines Teilchens liegen, das schneller als das Licht ist – oder es müssen mehr Teilchen beteiligt sein, wie dies beim Compton-Effekt der Fall ist.

Wir zeichnen nun den Zerfall eines massiven Teilchens in zwei ruhmasselose Teilchen (Abb. 80). Im Ruhsystem des

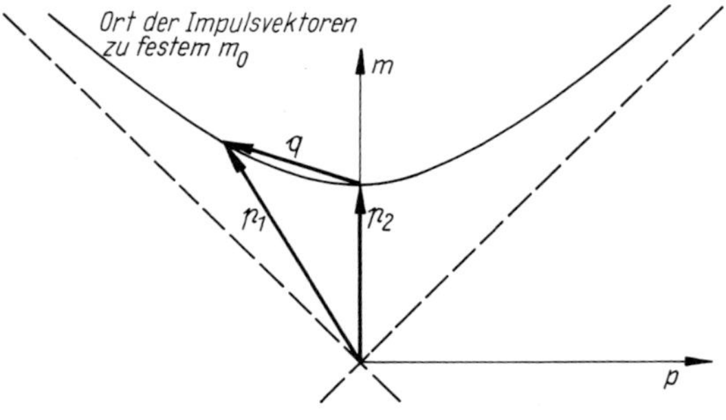

Abb. 79. Reaktionen ohne Ruhmassenänderung.
Die Reaktion $\boldsymbol{p}_1 = \boldsymbol{p}_2 + \boldsymbol{q}$ ist nur für raumartige Impulse $\boldsymbol{q}$ möglich, wenn die zu $\boldsymbol{p}_1$ und $\boldsymbol{p}_2$ gehörenden Ruhmassen gleich sind. Bei der Abstrahlung kinematisch kausaler Teilchen (zeitartige Impulse) verringert sich die Ruhmasse immer.

zerfallenden Teilchens erhalten die beiden Zerfallsprodukte gleiche Energie und fliegen in entgegengesetzter Richtung auseinander. Diese Energie ist im Ruhsystem des zerfallenden Teilchens ausschließlich von dessen Ruhmasse

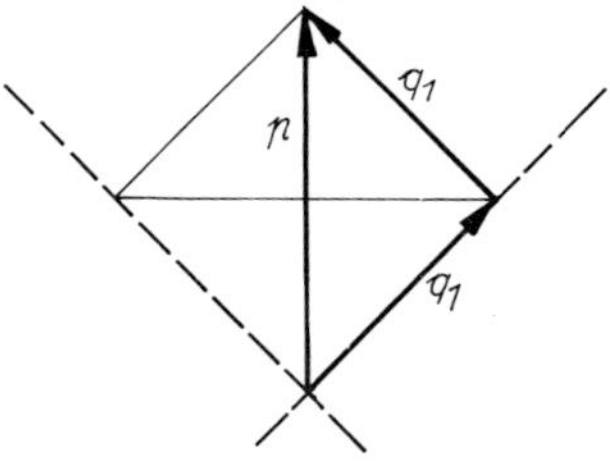

Abb. 80. Die Zerstrahlung massiver Teilchen.
Ein Teilchen mit Ruhmasse kann – wenn keine besonderen Auswahlregeln den Zerfall verbieten – vollständig in ruhmasselose Teilchen zerfallen. Die Ruhenergie des zerfallenden Teilchens wird vollständig in (kinetische) Strahlungsenergie umgewandelt. Die Gesamtenergie und die Summe der trägen Massen (d. h. die Summen der Zeitkomponenten der Impulse) bleiben unverändert. Beispiele für einen solchen Prozeß sind die Zerfälle $\pi^0 \to 2\gamma$ und $e^+ + e^- \to 2\gamma$. Das Diagramm ist ein elementarer Sonderfall von Abbildung 78 für $m_2 = 0$.

bestimmt. Der Prozeßtyp heißt Zerstrahlung, die Zerfallsprodukte Vernichtungsstrahlung. In diesem Prozeß wird die gesamte Ruhenergie in kinetische Energie umgewandelt. Wenn ein Elektron-Positron-Paar (Ruhmasse etwa 1 MeV $\approx 2 \cdot 10^{-30}$ kg) zerstrahlt, entstehen zwei Photonen der Frequenz

$$\nu = \frac{m_0 c^2}{2h} \approx 1{,}23 \cdot 10^{20}\,\mathrm{s}^{-1}\,.$$

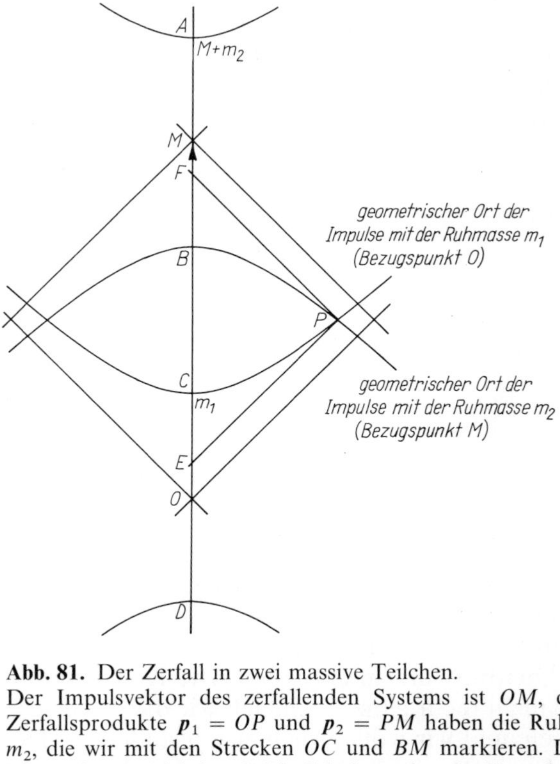

Abb. 81. Der Zerfall in zwei massive Teilchen.
Der Impulsvektor des zerfallenden Systems ist OM, die Impulse der Zerfallsprodukte $\boldsymbol{p}_1 = OP$ und $\boldsymbol{p}_2 = PM$ haben die Ruhmassen m_1 und m_2, die wir mit den Strecken OC und BM markieren. Durch O und M legen wir nun Lichtkegel. Die Schnittpunkte der Hyperbeln durch B und C mit diesen Asymptoten geben den Punkt P.

Ein anderes Beispiel ist der Zerfall des π^0-Mesons in zwei Photonen. Umgekehrt kann sich auch ein massives Teilchenpaar aus der Energie eines ruhmasselosen Teilchens bilden, allerdings nicht ohne Mitwirkung eines anderen massiven Teilchens, das überschüssigen Impuls aufnimmt: Sobald massive Teilchen entstehen, ist der Gesamtimpuls zeitartig, massive Teilchen können also nicht spontan aus einem einzelnen Teilchen ohne Ruhmasse entstehen.

Wir konstruieren zum Schluß den Zerfall eines massiven Teilchens in zwei massive Teilchen (Abb. 81). Der Gesamtimpuls wird in zwei Teile zerlegt, deren Ruhmasse gegeben ist. Dann ist der dritte Eckpunkt P des Dreiecks aus den drei Impulsvektoren OM, OP und PM der Schnittpunkt derjenigen Hyperbeln, die den Ruhmassen der Zerfallsprodukte entsprechen. Im Ruhsystem des zerfallenden Teilchens errechnen wir für diesen Punkt die Koordinaten über die Gleichungen für die beiden Hyperbeln:

$$m^2 - p^2 = m_1^2 \,,$$
$$(m - M)^2 - p^2 = m_2^2 \,.$$

Dabei sind m_1 und m_2 die Ruhmassen der Zerfallsprodukte. Es folgt

$$m = \frac{1}{2M}(M^2 + m_1^2 - m_2^2) \,,$$
$$p = \sqrt{m^2 - m_1^2} \,.$$

Auch der Schnittpunkt der beiden Hyperbeln ist noch mit Zirkel und Lineal konstruierbar, wie man daran sieht, daß die Koordinaten des Schnittpunkts außer rationalen Ausdrücken nur Quadratwurzeln enthalten. Die Konstruktion selbst ist aber nicht mehr ganz so einfach wie die bisherigen Konstruktionen, und wir wollen sie hier nur andeuten. Der interessierte Leser hat sicherlich schon ein Buch über projektive Geometrie in die Hand genommen und kann die

Schluß- und Konstruktionsweise der projektiven Geometrie dort viel ausführlicher nachlesen.

Wie im Anhang erläutert wird, wissen wir, daß die Peilpunkte *E* und *F* eines Punktes *P* auf der Hyperbel die Schnittpunkte der beiden Hyperbeläste mit der Bezugsachse (*C* und *D* für die eine, *A* und *B* für die andere Hyperbel) harmonisch teilen. Da der Schnittpunkt *P* sowohl auf der Hyperbel I um *O*, die der Ruhmasse m_1 entspricht, als auch auf der Hyperbel II um *M*, die der Ruhmasse m_2 entspricht, liegt, teilen seine Peilpunkte *E* und *F* sowohl die Schnittpunkte der Bezugsachse mit der Hyperbel I (*C* und *D*) als auch die mit der Hyperbel II (*A* und *B*) harmonisch. *E* und *F* vermitteln nun eine Involution auf der Bezugsgeraden: Jedem Punkt P_1 der Bezugsgeraden wird der Punkt P_2 zugeordnet, der zusammen mit P_1 die Punkte *E* und *F* harmonisch teilt. *E* und *F* sind die Fixpunkte dieser Involution. Aus der Aufgabenstellung sind die Punktepaare *A*, *B* und *C*, *D* der Involution bekannt. Wenn wir aus dieser Kenntnis die Fixpunkte der Involution bestimmt haben, können wir die Schnittpunkte der beiden Hyperbeln konstruieren, indem wir durch *E* und *F* Parallelen zu den Asymptoten ziehen. Die Bestimmung der Fixpunkte einer Involution ist aber eine Standardkonstruktion der projektiven Geometrie (Abb. 94). Sie wird im Anhang erläutert.

Wir haben nun alle Konstruktionen für Zweiteilchenreaktionen vorliegen, d. h. für Fälle, in denen der Gesamtimpuls in zwei lichtartige Impulse (Abb. 80), in denen er in einen zeitartigen und einen lichtartigen Impuls (Abb. 78) und in denen er in zwei zeitartige Impulse gegebener Ruhmasse zu zerlegen ist (Abb. 81). Wir diskutieren zum Abschluß einige qualitative Aspekte.

Ein Objekt kann nur dann spontan in Teilsysteme zerfallen, wenn die Summe der Ruhmasse der Teilsysteme kleiner ist als die Ruhmasse des zerfallenden Objektes, denn die kinetische Energie der auseinanderfliegenden Spaltprodukte muß von der Ruhenergie bestritten werden. Was wir hier für die Impulse formulieren, ist das dynamische Äquivalent der durch Gleichung (34) dargestellten kinematischen Aussage. Kennt man die Ruhmassen des Objekts und seiner Spaltprodukte, kann man die entstehende kinetische Energie berechnen. So entsteht bei der Spaltung eines $^{235}_{92}$U-Kerns ($m_0 \approx 235$ u) kinetische Energie für etwa 0,2 u, das sind $3 \cdot 10^{-11}$ J pro Atom, d. h. 5 Millionen kWh pro Mol.

Beim unelastischen Stoß zweier Teilchen kann wiederum kein stabiles Objekt entstehen, es sei denn, es entsteht noch ein weiteres Teilchen. Der einfachste Prozeß, der zu einem System führt, in dem die Stoßpartner stabil gebunden sind, bildet aus den Stoßpartnern das gebundene System und ein ruhmasseloses Teilchen, das Energie entführt. Ohne deren Rückführung kann dann das gebildete System nicht zerfallen. Die Energie, die einem gebundenen System zugeführt werden muß, damit es in seine Bestandteile zerfallen kann, hat einen Mindestwert, die Bindungsenergie. Sie ist proportional der Differenz zwischen der Summe der Ruhmassen der Zerfallsprodukte und der Ruhmasse des Systems. Diese Differenz heißt Massendefekt. Wird eine dem Massendefekt entsprechende Energie zugeführt, dann kann das System zerfallen, aber es bleibt noch keine kinetische Energie für die Zerfallsprodukte übrig. Umgekehrt, bildet sich ein gebundenes stabiles System, dann bleibt eine Energie entsprechend dem Massendefekt übrig, die in Form ruhmasseloser Teilchen (Neutrinos, Photonen) oder auch massiver Teilchen abgestrahlt werden kann. So entstehen bei der Bildung eines Heliumkerns (Ruhmasse 4,00275 u) aus vier Protonen (Ruhmasse 4mal 1,00795 u) noch zwei Positronen (Ruhmasse 2mal 0,00549 u). Der Rest (0,028 u $\mathrel{\hat{=}}$ $4{,}8 \cdot 10^{-29}$ kg pro He-Kern, das sind 0,7 Millionen kWh pro Mol He) geht in die kinetische Energie der Positronen und der ruhmasselosen Teilchen ein, die bei diesem Prozeß entstehen. Der Prozeß

$$4\mathrm{p} \rightarrow {}^{4}_{2}\mathrm{He} + 2\mathrm{e}^{+} + 2\nu + 2\gamma$$

läuft immer über viele Zwischenstufen ab, bei denen jeweils zwei Teilchen miteinander wechselwirken.

Beim Stoß zweier massiver Teilchen können auch weitere massive Teilchen entstehen. Ein Beispiel ist der Prozeß, in dem beim Stoß zweier Protonen ein zusätzliches π-Meson aus der kinetischen Energie gebildet wird, die bei beiden Protonen vor dem Stoß haben. Da die gesamte Ruhmasse nach dem Stoß gleich $2m_p + m_\pi$ ist, muß die kinetische Energie im Ruhsystem des Schwerpunkts mindestens gleich $m_\pi c^2$ sein, das bedeutet für jedes Proton, daß es im Ruhsystem des Schwerpunkts mindestens die Geschwindigkeit $0{,}361c$ haben muß. Beziehen wir den Prozeß auf das Bezugssystem des einen Protons, dann muß das zweite mindestens die Geschwindigkeit $0{,}638c$ haben. Das entspricht einer Energie $E = mc^2 = 1{,}3m_0c^2$, die eine Beschleunigung des Protons mit etwa 300 Millionen Volt erfordert. Diese Energie ist die Schwellenenergie für einen Protonenbeschleuniger, wenn die Protonen aus dem Beschleuniger beim Stoß mit Protonen in der Wasserstoffblasenkammer π-Mesonen erzeugen sollen. Wegen bestimmter Auswahlregeln (Erhaltung der Baryonenzahl, der Leptonenzahl, der elektrischen Ladung und anderes) können unterhalb dieser Schwelle nur dann Teilchen mit Ruhmasse erzeugt werden (μ, e), wenn diese paarweise erzeugt werden (etwa $p + p \rightarrow p + p + e^+ + e^-$). Diese Prozesse sind wesentlich seltener, da zum einen gleich zwei Teilchen erzeugt werden müssen und zum anderen deren Erzeugung 10^{14}mal länger dauert als die eines π-Mesons.

Weiterhin hat der erste angeregte Zustand des Protons eine Ruhmasse größer als $m_p + m_\pi$, so daß auch keine unelastischen Stöße ohne Teilchenerzeugung unterhalb der oben angegebenen Schwellenenergie stattfinden können.

15. Schlußbemerkungen

Die Kinematik der speziellen Relativitätstheorie ist Geometrie – Geometrie, die wir mit anderen Voraussetzungen betreiben als die euklidische Geometrie, die aber der euklidischen Geometrie in allen projektive Zusammenhänge betreffenden Fragen analog ist. Genau aus diesem Grunde ist die spezielle Relativitätstheorie in gleichem Maße wie die Geometrie in sich widerspruchsfrei. Wir können also sicher sein, daß alle „Paradoxa" in ihrer Formulierung die Aussagen und Voraussetzungen der speziellen Relativitätstheorie nicht konsequent berücksichtigen. In den meisten Fällen ist es die Relativität der Gleichzeitigkeit, die bei der Formulierung der Paradoxa unterschlagen wird, weil die Bedeutung der Definition der Gleichzeitigkeit in vielen Fällen nicht so offenbar ist.

Eine andere Frage ist es, ob die spezielle Relativitätstheorie auch die mit ihr beschreibbaren Vorgänge richtig darstellt. Bei der Diskussion der Versuche, die die Relativitätstheorie stützen, darf man aber nicht bei denjenigen stehenbleiben, die die Isotropie der Lichtausbreitung untersuchen. Diese Versuche sind mit der Isotropie der Lichtgeschwindigkeit vereinbar, aber unter Umständen auch mit anderen Hilfshypothesen erklärbar. Zudem macht die Konstanz und Isotropie der Lichtausbreitung nicht den gesamten Inhalt der speziellen Relativitätstheorie aus. Erst die physikalischen Eigenschaften massiver Objekte (die Invarianz der Ruhmasse und die damit verbundene Existenz objektiver Längen-und Zeitmaßstäbe) vervollständigen die Bedingungen an die Bezugssysteme so, daß Inertialsysteme konstruiert werden können. Erst mit deren wechselseitigem Zusammenhang und dem Relativitätsprinzip ist die Relativitätstheorie voll charakterisiert.

Es gibt viele Experimente, die einfache Folgerungen aus der Kinematik der speziellen Relativitätstheorie nachprüfen, so die Massenveränderlichkeit und die Zeitdilatation (transversaler Doppler-Effekt, Satellitenuhren, Massenspektrograph, Teilchenbeschleuniger). All diese Versuche haben nie eine Abweichung von den Aussagen der speziellen Relativitätstheorie ergeben. Am deutlichsten aber wird die spezielle Relativitätstheorie von den indirekten und qualitativen Folgerungen getragen, die sich nicht auf diesen oder jenen Teileffekt stützen, sondern direkt auf die Unabhängigkeit der Form der Naturgesetze von den Inertialsystemen, die mit der Lorentz-Transformation auseinander hervorgehen. Solche Folgerungen sind die Existenz von Antiteilchen zu Elektronen, Neutronen, Protonen und anderen, die Verletzung der Spiegelsymmetrie durch die Neutrinos und die Symmetrie der Elementarteilchenreaktionen gegen gleichzeitige Ersetzung aller Teilchen durch ihre Antiteilchen und Spiegelung des Prozesses in Raum und Zeit (CPT-Theorem). Diese qualitativen Folgerungen aus den theoretischen Konstruktionen, deren Form durch die spezielle Relativitätstheorie erzwungen und ermöglicht wird, und ihre Beobachtung sind es, die uns die Überzeugung von der Richtigkeit dieser Theorie geben.

Dennoch ist auch die spezielle Relativitätstheorie keine uneingeschränkt gültige Naturbeschreibungsform. Die Beschreibung des Gravitationsfeldes erfordert eine Modifikation ihrer Formen. Die spezielle Relativitätstheorie wird dabei nicht vollständig ersetzt, sondern bleibt Richtschnur bei ihrer eigenen Erweiterung. Diese Erweiterung betrifft den Einbau der Raumkrümmung in die M-Geometrie, womit das Parallelenaxiom der M-Geometrie aufgegeben wird. Die Krümmung hängt von der Stärke des Gravitationsfeldes am untersuchten Ereignis ab. Auf der Erdoberfläche ist das Gravitationsfeld sehr schwach. Auch im

Sonnensystem ergeben sich nur minimale Korrekturen und diese auch nur in Bereichen, die weit über die Größe eines irdischen Laboratoriums hinausgehen. Lokal wird an der Gültigkeit der speziellen Relativitätstheorie nichts geändert. Große Effekte liefert das Gravitationsfeld nur, wenn das ihm entsprechende newtonsche Potential von der Größenordnung c^2 wird, wenn die newtonsche Energie der Objekte im Gravitationsfeld vergleichbar mit ihrer Ruhenergie wird (siehe auch S. 113). Das ist nur in kosmischen Dimensionen und in sehr schweren und dichten kosmischen Objekten der Fall. Inwieweit das Gravitationsfeld im mikroskopisch Kleinen, in der Elementarteilchenphysik, zu qualitativen Korrekturen führt, ist eine offene Frage, nicht so sehr, weil es keine Vorstellungen darüber gibt, sondern deshalb, weil es technisch so sehr kompliziert ist, konkret zu rechnen. Hier steht noch viel Arbeit vor uns.

16. Anhang: Notizen zur projektiven Geometrie der Ebene

Wir geben hier nur einige grundlegende Definitionen und Sätze an, gerade soviel, wie sie im vorliegenden Buch benötigt werden. Es wird weder eine methodisch vollständige noch eine axiomatische Darstellung vorgestellt, allerdings soll der Zusammenhang auch dann deutlich werden, wenn kein Band über projektive Geometrie zur Hand ist. Einführende Literatur ist im Verzeichnis angegeben.

Grundlage aller Konstruktionen der projektiven Geometrie ist das Doppelverhältnis von Punkten einer Punktreihe (Geraden) beziehungsweise der Strahlen eines Büschels (Abb. 82). Sind vier Punkte auf einer Geraden gegeben, dann lautet das Doppelverhältnis

$$\mathscr{D}(A_1, A_2, A_3, A_4) = \frac{A_3A_1}{A_3A_2} : \frac{A_4A_1}{A_4A_2} = \frac{A_1A_3}{A_1A_4} : \frac{A_2A_3}{A_2A_4}. \tag{53}$$

Die Strecken sind dabei mit Vorzeichen zu berechnen: Dazu legt man eine der beiden Richtungen auf der Geraden als positiv fest und vergleicht die Richtungen der Strecken mit dieser Richtung. Das Doppelverhältnis ist unabhängig davon, welche der beiden möglichen Richtungen auf einer Geraden als positiv gerechnet wird. Der entscheidende Punkt ist nun, daß dieses Doppelverhältnis bei Projektionen (Abb. 82) erhalten bleibt. Um das zu zeigen, ziehen wir von einem beliebigen Punkt Q vier Strahlen durch die vier Punkte auf der Geraden. Nun kann man das Doppelverhältnis auf der Geraden als Eigenschaft der Winkel zwischen den Strahlen feststellen:

$$\mathscr{D}(A_1, A_2, A_3, A_4) = \frac{A_1A_3}{A_1A_4} : \frac{A_2A_3}{A_2A_4}$$

$$= \frac{\mathscr{F}(\triangle\ A_1A_3Q)}{\mathscr{F}(\triangle\ A_1A_4Q)} : \frac{\mathscr{F}(\triangle\ A_2A_3Q)}{\mathscr{F}(\triangle\ A_2A_4Q)} = \mathscr{D}(a_1, a_2, a_3, a_4)\,. \qquad (54)$$

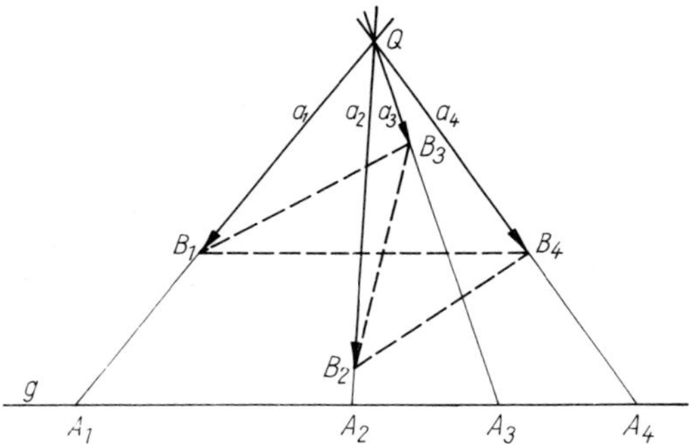

Abb. 82. Die Invarianz des Doppelverhältnisses.
Durch vier Punkte einer geraden Punktreihe werden vier Strahlen zu einem Zentrum Q außerhalb dieser Geraden gezogen. Wir zeigen, daß das Doppelverhältnis der vier Punkte von einer Größe ist, die nur von der relativen Richtung der Strahlen und nicht von ihren Längen abhängt.
Zunächst ist das Doppelverhältnis der Strecken auf der Geraden gleich dem Doppelverhältnis der Flächeninhalte der mit dem Punkt Q gebildeten Dreiecke. Alle diese Dreiecke haben die gleiche Höhe, ihr Flächeninhalt ist daher der Länge der Grundlinie proportional,

$$\mathscr{D}(A_1, A_2, A_3, A_4) = \frac{A_3A_1}{A_3A_2} : \frac{A_4A_1}{A_4A_2} = \frac{\mathscr{F}(\triangle\ A_1A_3Q)}{\mathscr{F}(\triangle\ A_2A_3Q)} : \frac{\mathscr{F}(\triangle\ A_1A_4Q)}{\mathscr{F}(\triangle\ A_2A_4Q)}\,.$$

Halten wir die Winkel um Q fest, dann ist andererseits der Flächeninhalt der von zwei Strahlen aufgespannten Dreiecke der Länge jedes der beiden Strahlenabschnitte proportional, zum Beispiel ist

$$\mathscr{F}(\triangle\ A_1A_3Q) = \frac{QA_1}{QB_1} \cdot \frac{QA_3}{QB_3} \cdot \mathscr{F}(\triangle\ B_1B_3Q)\,.$$

Die Konsequenz dieser Feststellung ist, daß vier Strahlen durch einen Punkt Q das gleiche Doppelverhältnis wie vier Strahlen durch einen Punkt Q' haben, wenn die Schnittpunkte der entsprechenden Strahlen auf einer Geraden liegen: Die Doppelverhältnisse beider Gruppen sind gleich dem Doppelverhältnis der Schnittpunkte auf dieser Geraden. Analog haben vier Punkte auf einer Geraden g das gleiche Doppelverhältnis wie vier Punkte auf einer anderen Geraden g', wenn sich die Verbindungslinien der entsprechenden Punkte in einem Punkt schneiden: Beide Doppelverhältnisse sind gleich dem Doppelverhältnis der entsprechenden Strahlen durch diesen Punkt.

Zwei Punktreihen g und g' heißen perspektiv zueinander, wenn alle Verbindungslinien einander entsprechender Punkte durch einen Punkt, das sogenannte Perspektivitätszentrum, gehen. Die Perspektive aus diesem Punkt bildet die

zu **Abb. 82.**
Dann gilt aber, daß das Doppelverhältnis der vier Flächen als Doppelverhältnis der vier Strahlen bezeichnet werden kann, weil es nicht von der Wahl der die Dreiecke definierenden Punkte auf den Strahlen abhängt, sondern nur von den durch sie gebildeten Winkeln:

$$\mathscr{D}(A_1, A_2, A_3, A_4) = \mathscr{D}(a_1, a_2, a_3, a_4) = \frac{\mathscr{F}(\triangle\, B_1 B_3 Q)}{\mathscr{F}(\triangle\, B_2 B_3 Q)} : \frac{\mathscr{F}(\triangle\, B_1 B_4 Q)}{\mathscr{F}(\triangle\, B_2 B_4 Q)}.$$

($B_1, \ldots, B_4$ sind beliebige Punkte auf den zugehörigen Strahlen.) Wir haben gleichzeitig gezeigt, daß das Doppelverhältnis der Punkte, in denen eine Gerade vier Strahlen schneidet, unabhängig von der Lage dieser Schnittgeraden ist. Das Doppelverhältnis bleibt somit bei der Projektion einer Geraden auf eine andere erhalten (perspektive Abbildung zweier Geraden aufeinander). Dual dazu ist das Doppelverhältnis von vier Strahlen, die von vier Punkten einer Geraden nach einem Zentrum Q gezogen werden, unabhängig von der Lage dieses Zentrums. Ordnen wir die Strahlen um zwei Trägerpunkte Q und Q' derart einander zu, daß die Schnittpunkte einander zugeordneter Strahlen auf einer Geraden liegen, dann bleiben die Doppelverhältnisse ebenfalls erhalten (perspektive Abbildung zweier Strahlenbüschel).

beiden Geraden aufeinander ab. Zwei Strahlenbüschel Q und Q' heißen perspektiv zueinander, wenn die Schnittpunkte einander entsprechender Strahlen auf einer Geraden, der Perspektivitätsachse, liegen. Mehrere perspektive Abbildungen hintereinander ergeben keine perspektive Abbildung mehr, wohl aber eine Abbildung, in der das Doppelverhältnis von vier Elementen erhalten bleibt. Solche Abbildungen heißen projektive Abbildungen. Projektive Abbildungen bilden eine Gruppe, d. h., zwei projektive Abbildungen, hintereinander ausgeführt, ergeben wieder eine projektive

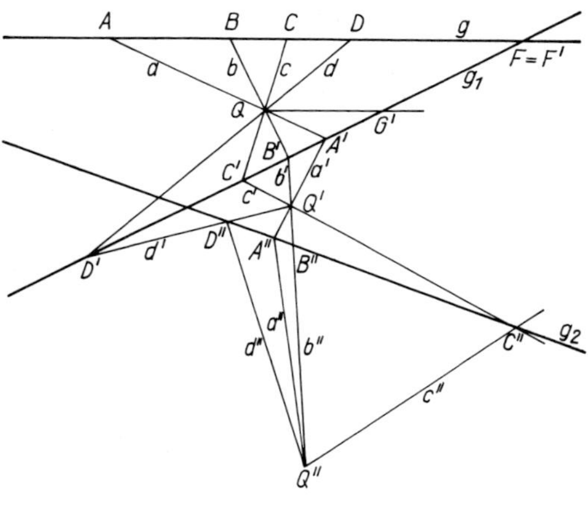

Abb. 83. Perspektive und projektive Abbildung.
Das Diagramm gibt ein Beispiel für diese Abbildungen. Das Strahlenbüschel in Q vermittelt eine perspektive Zuordnung der Punkte der Geraden g und g_1. Der Schnittpunkt dieser beiden perspektiven Punktreihen ist ein selbstentsprechender Punkt ($F = F'$). Q heißt Perspektivitätszentrum dieser Zuordnung. g_1 wiederum vermittelt eine perspektive Zuordnung der Strahlenbüschel um Q und Q'. g_1 heißt Perspektivitätsachse dieser Zuordnung. g_2 ist wieder perspektiv zu g_1, aber nicht mehr zu g. g_2 und g heißen projektiv zueinander, die Doppelverhältnisse entsprechender Punkte sind immer noch unverändert. Analog ist Q'' wieder perspektiv zu Q', aber nicht mehr zu Q, die Strahlenbüschel Q und Q'' sind aber noch projektiv zueinander. Die Verbindungsgerade der Trägerpunkte Q' und Q'' zweier perspektiver Strahlenbüschel ist ein selbstentsprechender Strahl ($b' = b''$).

Abbildung. Die projektive Geometrie beschäftigt sich mit den Konfigurationen, deren Eigenschaften sich bei projektiven Abbildungen nicht ändern (Abb. 83).

Weil bei einer projektiven Abbildung das Doppelverhältnis von vier Elementen unverändert bleibt, ist eine projektive Abbildung vollständig bestimmt, wenn drei einander entsprechende Punktepaare bzw. Strahlenpaare gegeben sind. Das Bild eines vierten Punktes findet man durch Konstruktion des vorhandenen Doppelverhältnisses. Generell wird die Projektivität als Folge perspektiver Abbildungen konstruiert (Abb. 84, 85). Zwei projektive Punktreihen liegen perspektiv zueinander, wenn der Schnittpunkt der Geraden

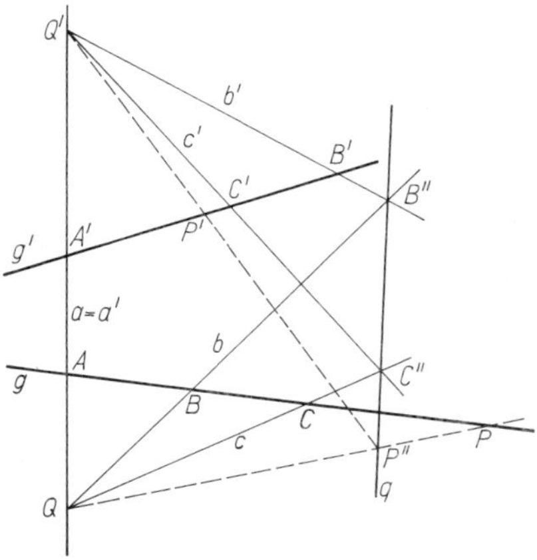

Abb. 84. Die Konstruktion der projektiven Abbildung zweier Punktreihen aus drei gegebenen Punktepaaren.
Auf zwei Geraden g und g' seien die drei entsprechenden Punktepaare markiert. Das Ziel ist, mit den beiden Punktreihen zwei zueinander perspektive Strahlbüschel zu definieren. Die Verbindung der Träger Q und Q' dieser Büschel muß ein selbstentsprechender Strahl sein, daher wählen wir Q und Q' auf der Verbindungsgerade von A und A'. Die Perspektivitätsachse q muß nun die Verbindungsgerade der Schnittpunkte von QB mit $Q'B'$ und QC mit $Q'C'$ sein. Zu einem Punkt P auf g finden wir das Bild P' auf g' nach Projektion von P aus Q auf P'' und von P'' aus Q' auf P'.

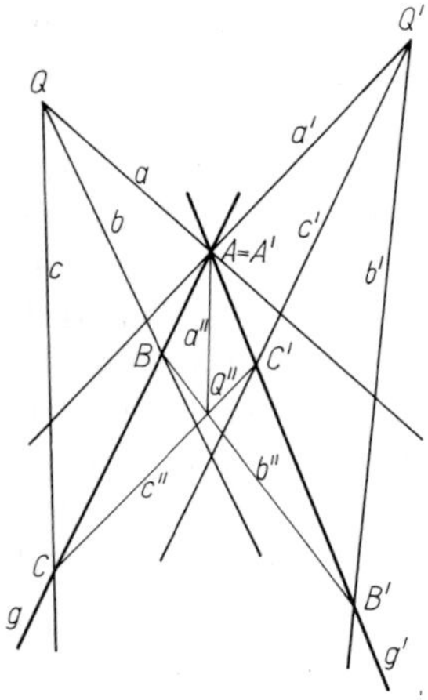

Abb. 85. Die Konstruktion der projektiven Abbildung zweier Strahlenbüschel aus drei gegebenen Strahlenpaaren.
Diese Konstruktion ist dual zu der vorigen. Wir versuchen die beiden Strahlenbüschel auf zwei zueinander perspektive Geraden abzubilden. Diese müssen einen selbstentsprechenden Punkt als Schnittpunkt haben, wir wählen also zwei Geraden durch den Schnittpunkt von a und a'. Das Perspektivitätszentrum Q'' der beiden Geraden g und g' muß der Schnittpunkt der Verbindungslinien von B mit B' und C mit C' sein.

ein selbstentsprechender Punkt ist. Zwei projektive Strahlenbüschel liegen perspektiv zueinander, wenn die Verbindungsgerade der Trägerpunkte einen selbstentsprechenden Strahl darstellt.

Damit bei einer projektiven Abbildung jeder Punkt einer Geraden seinen Bildpunkt hat und jeder Strahl ein Abbild, muß man formal unendlich ferne Punkte einführen. Diese Punkte werden als Schnittpunkte der Parallelen verstanden, so daß ein unendlich ferner Punkt der Richtung einer Geraden entspricht. Die Gesamtheit aller unendlich fernen Punkte hat projektiv die Eigenschaften einer Geraden. Man nennt sie Ferngerade. Ein Parallelenbüschel hat die Eigenschaften eines Strahlenbüschels, sein Trägerpunkt ist der der

Parallelenrichtung entsprechende Fernpunkt. In Abbildung 83 ist G' das perspektive Bild des Fernpunktes von g. Ferngerade und Fernpunkte unterscheiden sich in ihren

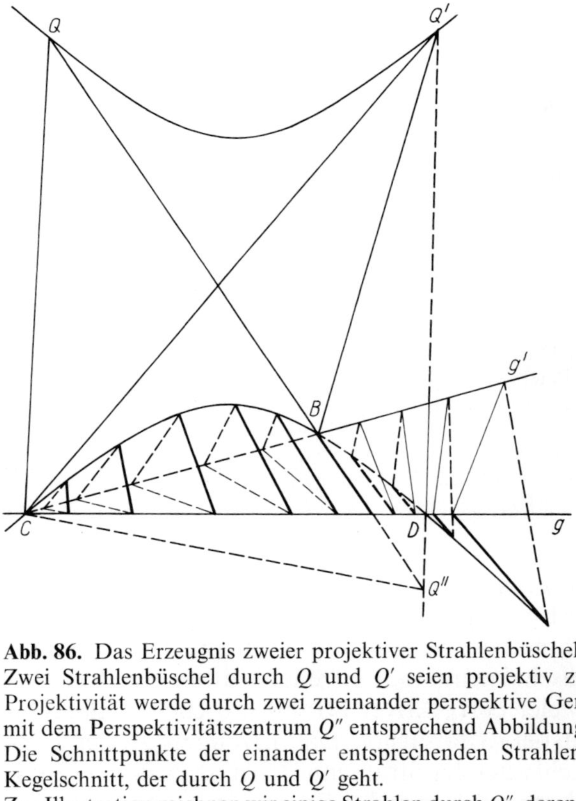

Abb. 86. Das Erzeugnis zweier projektiver Strahlenbüschel.
Zwei Strahlenbüschel durch Q und Q' seien projektiv zugeordnet, die Projektivität werde durch zwei zueinander perspektive Geraden g und g' mit dem Perspektivitätszentrum Q'' entsprechend Abbildung 85 vermittelt. Die Schnittpunkte der einander entsprechenden Strahlen bilden einen Kegelschnitt, der durch Q und Q' geht.
Zur Illustration zeichnen wir einige Strahlen durch Q'', deren Schnittpunkte auf g und g' wir mit Q bzw. Q' verbinden. Die Schnittpunkte dieser Verbindungslinien bilden eine Hyperbel.

Wir merken noch an, daß der Schnittpunkt C der beiden Geraden auf dem Kegelschnitt liegt. Q'' ist der Schnitt der Verbindungslinien zwischen Q und dem zweiten Schnittpunkt B des Kegelschnittes mit g' und zwischen Q' und dem zweiten Schnitt D des Kegelschnitts mit g.

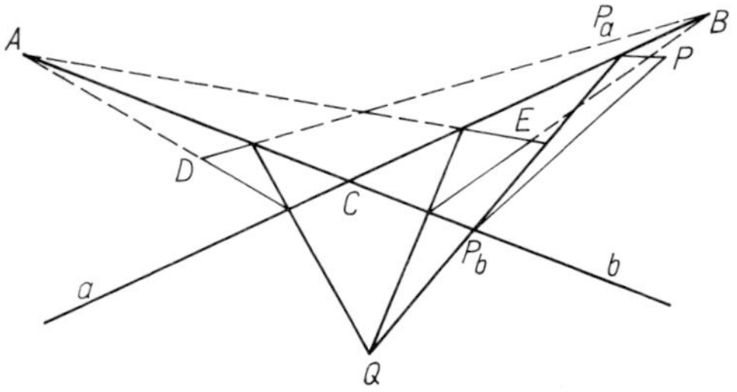

Abb. 87. Die Erzeugung eines Kegelschnitts aus fünf gegebenen Punkten. Von den fünf Punkten werden zwei (*A* und *B*) als Träger von projektiven Strahlenbüscheln gewählt, deren Projektivität durch den Schnitt mit zwei perspektiven Geraden vermittelt wird. Der dritte (*C*) der fünf gegebenen Punkte wird als selbstentsprechender Punkt zweier jeweils zu *A* und *B* perspektiver Punktreihen gewählt. Wir ziehen also durch *C* zwei Geraden *a* und *b*, die selbst durch *B* bzw. *A* gehen, um dann perspektiv zu sein. Die beiden übrigen Punkte *D* und *E* werden aus *A* auf *a* und aus *B* auf *b* projiziert. Der Schnittpunkt *Q* der Verbindungsgeraden der entsprechenden Punkte ist das Perspektivitätszentrum zwischen *a* und *b*.
Jedem Strahl durch *Q* entsprechen zwei Schnittpunkte P_a und P_b mit *a* und *b*. Die Verbindungslinien AP_a und BP_b schneiden sich in einem Punkt *P* des Kegelschnitts. Die Bedingung, daß *D* und *E* auch so entstehen müssen, liefert die Lage von *Q*. Die Verbindungslinien *QA* und *QB* sind die Tangenten an den Kegelschnitt in *A* und *B*, wenn *A* und *B* wie oben auf *a* und *b* liegen.

projektiven Eigenschaften nicht von endlichen Geraden und Punkten der Ebene.

Die Gesamtheit der Schnittpunkte entsprechender Strahlen zweier Büschel nennt man Erzeugnis dieser Büschel. Das Erzeugnis zweier perspektiver Strahlenbüschel ist eine Gerade, die Perspektivitätsachse. Das Erzeugnis zweier kongruenter gleichlaufender Strahlenbüschel ist nach dem Peripheriewinkelsatz ein Kreis, das Erzeugnis kongruenter ungleich laufender Strahlenbüschel ist eine gleichseitige Hyperbel. Das Erzeugnis zweier allgemeiner projektiver Strahlenbüschel ist ein Kegelschnitt (Abb. 86).

Die Hüllkurve der Verbindungsgeraden entsprechender Punkte zweier Punktreihen heißt Erzeugnis dieser Punkt-

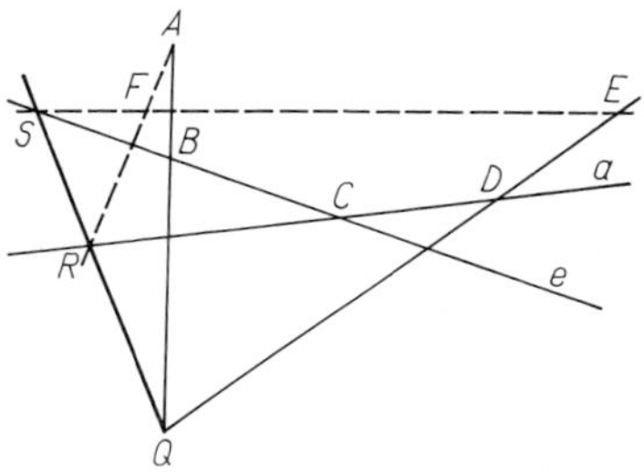

Abb. 88. Der Pascalsche Satz.
Liegen sechs Punkte auf einem Kegelschnitt, so schneiden sich die Gegenseitenpaare des von ihnen gebildeten Sechsecks auf einer Geraden. Wir zeichnen zunächst 5 Punkte *A*, *B*, *C*, *D* und *E* und erzeugen den Kegelschnitt durch die projektiven Strahlenbüschel durch *A* und *E*. Wir konstruieren nun die projektive Abbildung so, daß *A* perspektiv zu *Q* mit der Achse $a = CD$ und *E* perspektiv zu *Q* mit der Achse $e = BC$ ist. Der Punkt *Q* muß dazu der Schnittpunkt von *AB* mit *DE* sein. Alle weiteren Punkte des Kegelschnitts entstehen, wenn durch *Q* eine beliebige Gerade gezogen wird, die *a* in *R* und *e* in *S* schneiden möge. Der Schnittpunkt *F* der auf diese Weise einander zugeordneten Strahlen *AR* und *ES* liegt auf dem Kegelschnitt.
Die Punkte *Q*, *R* und *S* sind die Schnittpunkte der Gegenseiten des Sechsecks *ABCDEF*: In *Q* schneiden sich *AB* und *DE*, in *S* schneiden sich *BC* und *EF*, und in *R* schneiden sich *CD* und *FA*. *Q*, *R* und *S* liegen aber nach der Konstruktion auf einer Geraden. Das ist der Satz von Pascal.

reihen. Man kann zeigen, daß das Erzeugnis zweier projektiver Punktreihen wieder ein Kegelschnitt ist, d. h., daß ein Kegelschnitt auch als Erzeugnis zweier projektiver Punktreihen darstellbar ist.

Zum Erzeugnis zweier Büschel gehören auch die Trägerpunkte dieser Büschel. Deshalb kann ein Kegelschnitt konstruiert werden, wenn fünf Punkte gegeben sind: Zwei von ihnen werden als Trägerpunkte von Strahlenbüscheln gewählt, deren Projektivität bestimmbar ist, weil mit den drei übrigen Punkten des Kegelschnitts drei entsprechende Strahlenpaare gegeben sind (Abb. 87). Aus diesen Konstruktionen ergibt sich auch der Beweis für den sehr wichtigen Satz von Pascal (Abb. 88): Sechs Punkte *A*, *B*, *C*, *D*, *E* und *F* liegen genau dann auf einem Kegelschnitt, wenn die Schnittpunkte der Verbindungslinien *AB* und *DE*, *BC* und *EF*, *CD* und *FA* auf einer Geraden liegen.

Liegen alle Punkte eines Kegelschnitts im Endlichen, dann ist er eine Ellipse (bzw. ein Kreis). Liegt ein Punkt im Unendlichen, dann ist der Kegelschnitt eine Parabel und die Tangenten an die Parabel in diesem Fernpunkt ist die Ferngerade. Der Fernpunkt markiert die Richtung der Achse der Parabel. Liegen zwei Punkte des Kegelschnitts

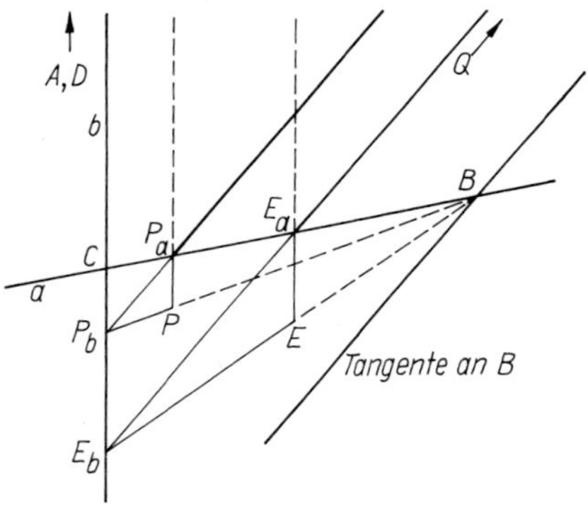

Abb. 89. Die Erzeugung einer Parabel aus drei gegebenen Punkten und der Achsrichtung.
Die Achsrichtung markiert den unendlich fernen Punkt der Parabel. Wenn wir beachten, daß die Ferngerade die Tangente an die Parabel in ihrem Fernpunkt ist, dann sehen wir, daß die Aufgabe die Konstruktion eines Kegelschnitts aus vier Punkten und einer Tangente im ersten Punkt ist. Diese Konstruktion erhalten wir aus der vorigen Abbildung, wenn dort *D* mit *A* zusammenfällt, die Tangente in *A* aber weiterhin die Linie *AQ* darstellt.
Im Falle der Parabel sind *A* und *Q* Punkte der Ferngeraden, die Strahlenbüschel um *A* und *Q* daher Parallelenbüschel. Die Geraden *b* ist die Parallele zur Achsrichtung *A* in *C*. Die Linien *AE* sind ebenfalls Parallelen zur Achsrichtung. Die Richtung *Q* finden wir entsprechend der Konstruktion in der vorigen Abbildung. Wir suchen E_a und E_b auf. *Q* ist der Fernpunkt der Verbindungsgeraden E_aE_b. Die Parallele zu dieser Geraden in *B* ist die Tangente an die Parabel in *B*.

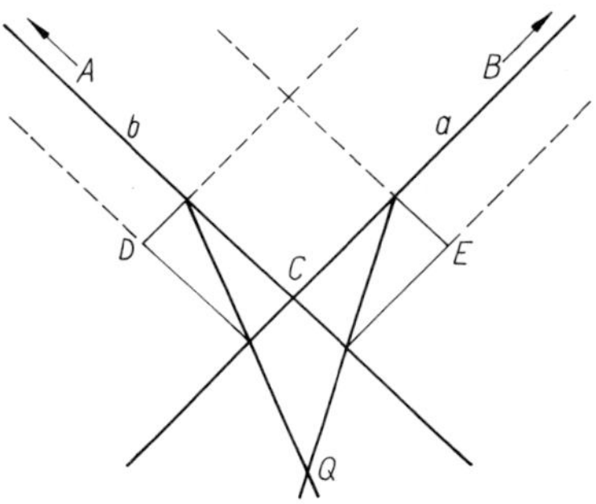

Abb. 90. Die Erzeugung der Hyperbel aus drei gegebenen Punkten und den beiden Asymptotenrichtungen.
Die Asymptotenrichtungen repräsentieren die beiden Fernpunkte der Hyperbel, wir haben daher eine Konstruktion mit fünf Punkten zu erledigen. Wir wählen die Konstruktion aus Abbildung 87 und lassen die Träger der projektiven Strahlenbüschel mit den Fernpunkten der Hyperbel zusammenfallen. Die Hyperbel wird folglich als Schnitt zweier projektiver Parallelenbüschel bestimmt, deren Richtung durch die gegebenen Asymptotenrichtungen definiert ist.

im Unendlichen, so stellt er eine Hyperbel dar. Die beiden Fernpunkte zeigen die Richtungen der Asymptoten an.

Ist die Achsrichtung der Parabel gegeben, dann bedarf es nur drei endlicher Punkte, um sie zu bestimmen (Abb. 89). Die beiden übrigen Bestimmungsstücke sind der gegebene Fernpunkt und die Tangente an ihm, die mit der Ferngeraden zusammenfällt. Sind die beiden Fernpunkte der Hyperbel gegeben, d. h. die Asymptotenrichtungen, dann braucht man ebenfalls nur drei Punkte im Endlichen, um ihn zu bestimmen (Abb. 90). Sind die Asymptoten vollständig gegeben, d. h. die Fernpunkte und die Tangenten in ihnen, dann benötigt man nur noch einen Punkt, um die übrigen Punkte der Hyperbel konstruieren zu können (Abb. 91).

Wir stellen nun einige Eigenschaften der harmonischen Teilung zusammen. Zwei Punkte A_3 und A_4 teilen A_1 und A_2 harmonisch, wenn sie auf deren Verbindungsgeraden liegen und das Doppelverhältnis $\mathcal{D}(A_1, A_2, A_3, A_4) = -1$ ist. Die harmonische Teilung ist die projektive Verallgemeinerung der gewöhnlichen Halbierung: Ist A_3 der Fernpunkt der Geraden, dann halbiert der Punkt A_4 die Strecke A_1A_2. Zu drei Punkten konstruiert man den vierten harmonischen Punkt über das vollständige Viereck (Abb. 92). Sind

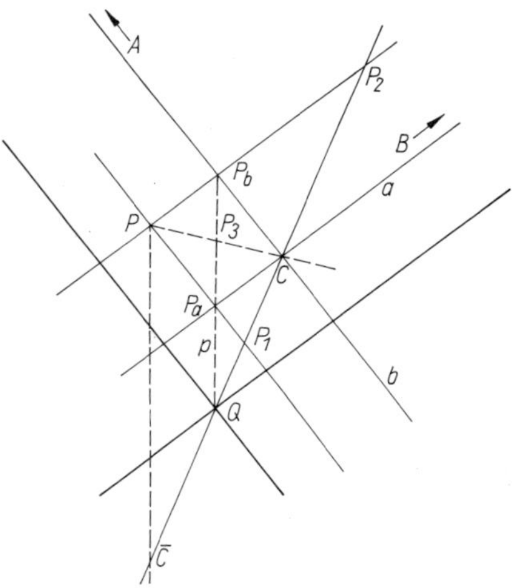

Abb. 91. Die Erzeugung der Hyperbel aus einem Punkt und den beiden Asymptoten.

Sind beide Asymptoten und nicht nur ihre Richtungen gegeben, so liegen nicht nur die Fernpunkte, sondern auch die Tangenten an die Fernpunkte vor. Die Aufgabe ist daher ein Sonderfall der Konstruktion eines Kegelschnitts aus drei Punkten und zwei Tangenten an die ersten beiden. Diese Aufgabe wird durch Abbildung 87 gelöst, wenn D und E mit A und B zusammenfallen. Q bleibt weiterhin bestimmt als Schnittpunkt der Tangenten in A und B. Nun lassen wir A und B ins Unendliche rücken. Q wird der Schnittpunkt der Asymptoten der Hyperbel, d. h. ihr Mittelpunkt. Wir ziehen durch C die Asymptotenparallelen a und b. Diese sind die Perspektivitätsachsen zwischen dem Strahlenbüschel um Q und den Parallelbüscheln zu den Asymptoten. Jedem Strahl p durch Q entsprechen Schnittpunkte P_a und P_b. Die Asymptotenparallelen durch diese Punkte schneiden sich in einem weiteren Punkt P der Hyperbel.

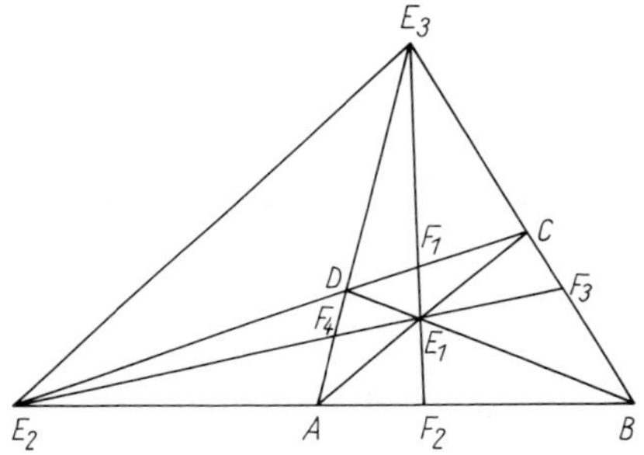

Abb. 92. Das vollständige Viereck.
Zum Viereck *ABCD* zeichnen wir sechs Verbindungslinien der Eckpunkte und deren Schnittpunkte (die Diagonalpunkte des Vierecks) E_1, E_2 und E_3. Deren Verbindungslinien erzeugen die Schnittpunkte F_1, F_2, F_3 und F_4. Die vier Strahlen, die jeweils durch die drei Punkte E_1, E_2 und E_3 gehen, haben das Doppelverhältnis -1.
Wir zeigen hier, daß auf der Geraden *AB* $\mathcal{D}(A, B, E_2, F_2) = -1$ gilt. Dazu projizieren wir A, B, E_2, F_2 aus E_3 auf D, C, E_2, F_1 und diese aus E_1 auf B, A, E_2, F_2. Die Doppelverhältnisse $\mathcal{D}(A, B, E_2, F_2)$ und $\mathcal{D}(B, A, E_2, F_2)$ sind also gleich. Andererseits ist nach der Rechenregel (53) $\mathcal{D}(A, B, E_2, F_2) \times \mathcal{D}(B, A, E_2, F_2) = 1$. Damit ist $\mathcal{D}(A, B, E_2, F_2) = -1$ bewiesen, da daß positive Vorzeichen nicht in Frage kommt.

zu **Abb. 91.**
Wir schließen den Beweis eines weiteren Satzes an. Die Gerade *QC* schneidet die Hyperbel in einem weiteren Punkt $\bar{C}$, für den $\bar{C}Q = QC$ gilt. Die Asymptotenparallelen durch einen beliebigen Punkt P der Hyperbel schneiden *OC* in zwei Punkten P_1 und P_2, die die Strecke $\bar{C}C$ harmonisch teilen. Die Punkte P_1 und P_2 nennen wir Peilpunkte des Punktes P, da die Asymptotenparallelen durch P Signalen entsprechen, die von dem Beobachter auf der Weltlinie *QC* zu P abgesandt bzw. von P empfangen werden. Das Doppelverhältnis ist $\mathcal{D}(P_1, P_2, \bar{C}, C) = -1$. Um das zu beweisen, bemerken wir zuerst, daß P_3, der Schnittpunkt von *PC* und P_aP_b, sowohl *PC* als auch P_aP_b halbiert. P_aP_b ist daher parallel $P\bar{C}$. Bezeichnen wir den Fernpunkt dieser Geraden mit U, dann können wir P_1, P_2, $\bar{C}$, C auf P_a, P_b, U, P_3 projizieren. Diese vier Punkte haben aber das Doppelverhältnis $\mathcal{D}(P_a, P_b, U, P_3) = -1$.

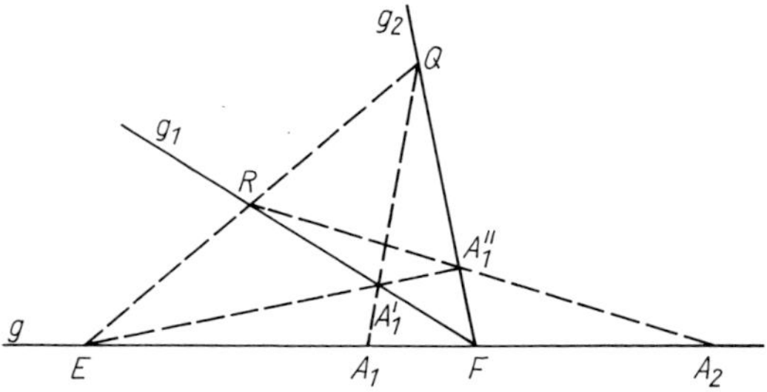

Abb. 93. Eine hyperbolische Involution.
Wir legen auf einer Geraden g zwei Punkte E und F fest und bestimmen zu einem beliebigen Punkt A_1 den vierten harmonischen Punkt A_2 entsprechend Abbildung 92. Dazu wählen wir einen Punkt Q und eine Gerade g_1 durch F. Darauf ziehen wir die Verbindungsgeraden QE und $g_2 = QF \cdot g_1$ schneidet QE in einem Punkt R. Wir projizieren nun A_1 aus Q auf A_1', diesen Punkt aus E auf A_1'' und diesen schließlich aus R auf A_2. Wir erkennen in $FERA_1''$ das Viereck der Abbildung 92. A_2 ist also der vierte harmonische Punkt zu E, F und A_1. Andererseits haben wir eine projektive Abbildung der Geraden g auf sich selbst, eine Involution, konstruiert. Die Fixpunkte dieser Abbildung sind E und F.

auf einer Geraden zwei Punkte E und F gegeben und ordnen wir jedem Punkt P_1 denjenigen Punkt P_2 zu, der mit P_1 die Strecke EF harmonisch teilt, so erhalten wir eine projektive Abbildung der Geraden auf sich selbst (Abb. 93), bei der der Bildpunkt eines Bildpunktes wieder der Ausgangspunkt ist. Solche Abbildungen heißen Involutionen. Alle Spiegelungen, wie wir sie betrachtet haben, sind solche Involutionen. Im obigen Fall hat die Involution zwei Fixpunkte, E und F. Allgemein bestimmt man die Fixpunkte einer Involution mit dem Steinerschen Kreis (Abb. 94).

An die Stelle der Ferngeraden kann jede andere Gerade g treten. Dies wird in der folgenden projektiven Skizze dargestellt. Wir wählen dazu eine Gerade in der Ebene als Skizze der Ferngeraden und auf ihr eine Involution als Skizze der Rechtwinkelinvolution. Der Mittelpunkt einer Strecke AB wird nun als vierter harmonischer Punkt zum Schnittpunkt G der Geraden durch AB mit g definiert. Die Involution

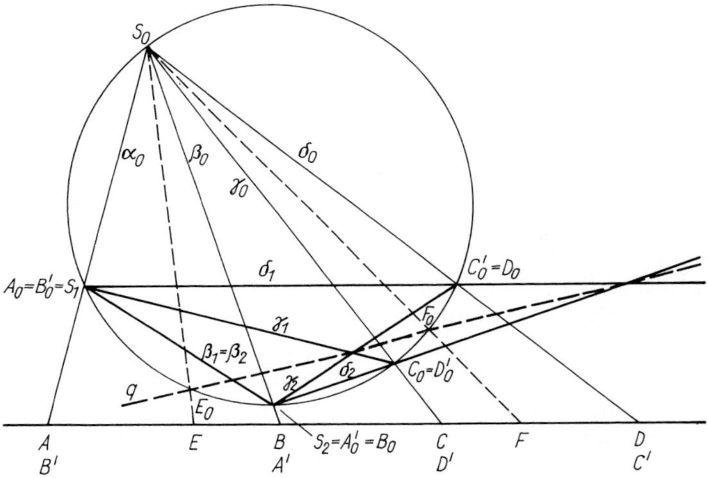

Abb. 94. Zur Bestimmung der Fixpunkte einer Involution.
Die Involution sei gegeben durch zwei Punktepaare AB und CD, wobei $B = A'$, $A = B'$, $C = D'$ und $D = C'$ ist. Da die Konstruktion von Abb. 84 hier nicht greift, gehen wir den Umweg über zwei kongruente Strahlenbüschel. Wir ziehen dazu einen beliebigen Kreis und wählen auf seiner Peripherie einen Punkt S_0, aus dem wir die vier bezeichneten Punkte auf die Kreisperipherie projizieren ($A_0 = B_0'$ usw.). Zu S_0 konstruieren wir zwei kongruente Strahlenbüschel in $S_1 = A_0$ und $S_2 = A_0'$. Die Strahlen von S_1 werden B_0, C_0 und D_0 zugeordnet, die von S_2 den Punkten B_0', C_0' und D_0'. Wegen der Kongruenz mit den beiden projektiven Strahlenbüscheln in S_0 sind die so definierten Büschel um S_1 und S_2 projektiv zueinander. Da ein selbstentsprechender Strahl $S_1B_0 = S_2B_0'$ existiert, sind S_1 und S_2 sogar perspektiv zueinander. Wir suchen die Perspektivitätsachse q als Verbindung der Schnittpunkte der beiden übrigen entsprechenden Strahlenpaare. Einander entsprechende Strahlen schneiden sich auf q. Die Schnittpunkte dieser Perspektivitätsachse q mit dem Kreis seien E_0 und F_0. Sie sind ersichtliche Fixpunkte auf der Kreisperipherie, da die Strahlen S_1E_0 und S_2E_0 (in der Abbildung nicht gezeichnet) im Falle des Punktes E_0 einander zugeordnet sind. Sie markieren den gleichen Punkt E_0 auf der Kreisperipherie. Projizieren wir E_0 und F_0 aus S_0 auf die Gerade g, so finden wir mit E und F die Fixpunkte der Involution.

bilde G auf $\bar{G}$ ab. Dann bilden die Geraden durch $\bar{G}$ das Büschel der Geraden, die auf AB senkrecht stehen. Schließlich teilen wir einen Winkel, indem wir die Schnittpunkte S_1 und S_2 seiner Schenkel mit g und die Punkte $\bar{S}_1$ und $\bar{S}_2$ bestimmen, in die S_1 und S_2 durch die Involution abgebildet werden. Nun suchen wir die Punkte W_1 und W_2 auf G, die sowohl S_1S_2 als auch $\bar{S}_1\bar{S}_2$ harmonisch teilen. Diese Aufgabe lösen wir wieder mit dem Steinerschen Kreis. Die Verbindung des Winkelscheitels zu W_1 und W_2 sind die Winkelhalbierenden. Man kann zeigen, daß sie im hier definierten Sinne orthogonal zueinander sind.

Wir schließen mit der projektiven Verallgemeinerung der Konstruktion des Feuerbach-Kreises. Zunächst seien in der Zeichenebene eine Gerade g (die die Rolle der Ferngeraden übernimmt) und auf ihr eine Involution definiert, am einfachsten durch die Angabe zweier Fixpunkte E und F (Abb. 95). Damit ist die Involution einfach dadurch definiert, daß jeder Punkt auf g die Strecke EF mit seinem Bildpunkt harmonisch teilt. Alle metrischen Aussagen werden nun in Aussagen über harmonische Teilungen mit dieser Geraden und diesen Punkten dargestellt. Zwei Geraden a und $\bar{a}$ heißen senkrecht, wenn ihre Schnittpunkte mit g die Punkte E und F harmonisch teilen. Die Mitte einer Strecke BC auf a wird durch den Punkt gegeben, der zusammen mit dem Schnittpunkt von a und g die Strecke BC harmonisch teilt. Mit diesen Definitionen konstruieren wir zum Dreieck ABC die drei Höhen (und finden ihre Fußpunkte und ihre Schnittpunkte), wie auch die drei Seitenmitten und die Mitten der Höhenabschnitte. Mit dem Pascalschen Satz sieht man, daß alle neun Punkte auf einem Kegelschnitt durch E und F gehen.

Es sei hier angemerkt, daß $ABCH$ mit den drei Seiten und den drei Höhen ein vollständiges Viereck darstellt, dessen drei Diagonalpunkte gerade die Höhenfußpunkte sind. Die vier Punkte $ABCH$ sind untereinander völlig äquivalent, so ist B Höhenschnittpunkt im Dreieck ACH usw. Gehen wir

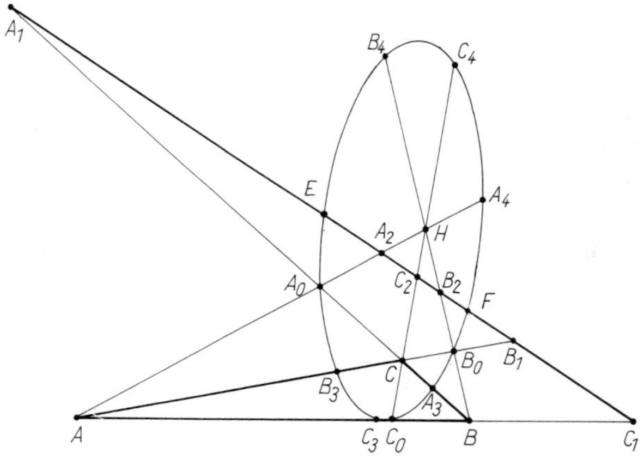

Abb. 95. Die projektive Skizze des Feuerbach-Kreises.
Wir zeichnen ein Dreieck $\triangle ABC$ und eine Bezugsgerade g mit einer Involution, die durch ihre Fixpunkte E und F gegeben sei. Die Schnittpunkte der Seiten des Dreiecks mit der Geraden g bezeichnen wir mit A_1, B_1, C_1, und die über die Involution vermittelten Bilder dieser Punkte mit A_2, B_2, C_2. Die Verbindungsgeraden AA_2, BB_2, CC_2 schneiden die Seiten in den Punkten A_0, B_0, C_0. Nun gilt: Die Verbindungsgeraden AA_2, BB_2, CC_2 schneiden sich in einem Punkt H, dem projektiven Höhenschnittpunkt des Dreiecks $\triangle ABC$. Die projektiven Mitten auf den Strecken BC, CA, AB, HA, HB, HC finden wir als vierte harmonische Punkte A_3, B_3, C_3, A_4, B_4, C_4 zu den Schnittpunkten A_1, B_1, C_1, A_2, B_2, C_2 mit der Geraden G. Nun gilt: Durch die elf Punkte A_0, B_0, C_0, A_3, B_3, C_3, A_4, B_4, C_4, E, F geht ein Kegelschnitt. Er ist das projektive Bild eines Feuerbach-Kreises oder seiner Äquivalente.

nun von einem solchen vollständigen Viereck aus, so kann man zeigen, daß die sechs Seiten auf jeder beliebigen Geraden g eine Involution definieren, indem einfach die sich in einem Diagonalpunkt schneidenden Seiten ein bei der Involution ineinander übergehendes Punktepaar definieren. Dazu muß man nur zeigen, daß die durch A_1A_2 und B_1B_2 bereits festgelegte Involution das Punktepaar C_1C_2 enthält. Das zeigt man durch Projektion des Doppelverhältnisses $\mathcal{D}(A_2A_1C_2B_2)$ aus H auf $\mathcal{D}(A_1A_0CB)$, und dieses aus A auf

$\mathscr{D}(A_1A_2B_1C_1)$. Damit ist gezeigt, daß C' Bildpunkt von C ist. Das Ergebnis ist, daß wir über die soeben definierte Involution an einer beliebigen Geraden g den Punkt H zum Höhenschnittpunkt von $\triangle ABC$ erklären können. Je nach Lage der Geraden g ergeben sich aber andere sechs Mittelpunkte $A_3B_3C_3A_4B_4C_4$. Die dem Feuerbach-Kreis analoge Konstruktion behauptet nun, daß die sechs Mittelpunkte und die drei Diagonalpunkte auf einem Kegelschnitt liegen. Wir müssen dazu zeigen, daß sich die gegenüberliegenden Seiten eines Sechsecks (Beispiel $A_3A_0A_4B_3B_0B_4$) in drei Punkten schneiden, die auf einer Geraden liegen. In unserem Beispiel schneiden sich A_3A_0 und B_3B_0 in C, A_0A_4 und B_0B_4 in H. Wo schneiden sich nun A_3A_4 und B_3B_4? Es ist dies der Punkt C_2, denn C_2 muß die harmonische Punktfolge B_4HB_2B auf eine harmonische Punktfolge PCA_1B abbilden, und da kommt laut Definition für P nur A_3 in Frage. C_2 liegt also auf A_3B_4. Nach vertauschten Rollen zeigt man das für B_3A_4, und findet C_2 als dritten Schnittpunkt für den Pascalschen Satz, der natürlich auf der Geraden durch C und H liegt. Der Beweis läuft für andere Sechsecke aus den neun Punkten ähnlich. Der Leser mag sich daran erproben. Es gelten noch viele andere merkwürdige Dinge. So liegt A_1 immer auf der Verbindungsgeraden von B_3 und C_3 so wie A_2 immer auf der von B_3 und C_4 liegt (die Buchstaben der Punktetripel dürfen hier beliebig vertauscht werden, wenn nur die Indizes unverändert bleiben). Die Beweise seien dem Leser überlassen.

Projizieren wir nun die Gerade g auf die Ferngerade, dann sind E und F Asymptotenrichtungen der Hyperbeln, die wir in der minkowskischen Geometrie kennengelernt haben. Bestimmen wir das Senkrechtstehen nicht durch die harmonische Teilung von E und F auf der Ferngeraden, sondern durch eine allgemeine Involution auf der Ferngeraden (die nicht notwendigerweise reelle Fixpunkte hat), dann finden wir bei der Projektion von g auf die Ferngerade den Kegelschnitt als Ellipse wieder. Wir haben dann die Konstruktion der euklidischen Geometrie vor uns (beim Entwurf unserer Zeichnung wäre das geschehen, wenn alle vier Punkte *ABCH* auf einer Seite der Geraden *g* liegen). Genau in diesem Sinne ist ein Kreis ein Kegelschnitt, der durch zwei feste, aber imaginäre Punkte der Ferngeraden geht. Fallen die beiden Fixpunkte der Involution auf der Ferngeraden zusammen, so gibt es genau eine Richtung, die senkrecht auf allen anderen ist (beim Entwurf unserer Zeichnung müßte dazu die Gerade *g* durch einen der vier Grundpunkte *ABCH* gehen). Der Feuerbach-Kegelschnitt berührt die Ferngerade in diesem Punkt, ist also eine Parabel. Wir finden die Verhältnisse der Galilei-Geometrie.

Literatur

BACHMANN, F., Der Aufbau der Geometrie aus dem Spiegelungsbegriff, Berlin und Heidelberg 1959.

BERGOLD, H., Relativitätstheorie in der Kollegstufe, Der Physikunterricht 4/1974, Klett-Verlag Stuttgart.

BLASCHKE, W., Projektive Geometrie, Wolfenbüttel und Hannover 1947.

BREIDENBACH, W., Die Dreiteilung des Winkels, 2. Aufl., Leipzig 1951.

BONDI, H., Relativity and Common Sense, London 1962.

BORN, M., Die Relativitätstheorie Einsteins, Berlin 1920.

CHAMPENEY, D. C., G. R. ISAAK und A. M. KHAN, An Aether Drift Experiment Based on the Mössbauer Effect, Physics Letters **7** (1963) 241–243.

DOEHLEMANN, K., Projektive Geometrie in synthetischer Behandlung, Berlin und Leipzig 1924.

EINSTEIN, A., Über spezielle und allgemeine Relativitätstheorie, 21. Aufl., Berlin, Oxford und Braunschweig 1969.

EINSTEIN, A., Grundzüge der Relativitätstheorie, 5. Aufl., Berlin, Oxford und Braunschweig 1969.

FRENCH, A. P., Die Spezielle Relativitätstheorie, Vieweg-Verlag Braunschweig 1971.

HUYGENS, CH., De motu corporum ex percussione, Opuscula posthuma, Leiden 1703; deutsch in Ostwalds Klassiker, Band 138, Leipzig 1903.

JAGLOM, I. M., Princip otnositel'nosti Galileja i neevklidovaja Geometrija Moskva 1969.

JAGLOM, I. M., und B. A. ROSENFELD, Nichteuklidische Geometrien, Kap. 5 des 5. Bandes der Enzyklopädie der Elementarmathematik, übers. a. d. Russ., Berlin 1971.

KELLER, O.-H., Analytische Geometrie und lineare Algebra, Berlin 1957.

KLEIN, F., Vorlesungen über nichteuklidische Geometrie, Berlin 1928.

KRAEMER, A., Relativitätstheorie, Materialien für die Sekundarstufe II Physik, Hermann Schroedel Verlag KG, Hannover et al. 1977.

LANDAU, L. D., und JU. B. RUMER, Was ist die Relativitätstheorie?, übers. a. d. Russ., Leipzig 1962.

NEVANLINNA, R., Raum, Zeit und Relativität, Basel und Stuttgart 1964.

NEVANLINNA, R., und P. KUSTAANHEIMO, Grundlagen der Geometrie, Basel und Stuttgart 1975.

PAPAPETROU, A., Spezielle Relativitätstheorie, Berlin 1955.

REICHARDT, H. (Herausg.), Kleine Enzyklopädie Mathematik, Leipzig 1974.

REICHARDT, H., Vorlesungen über Vektor- und Tensorrechnung, Berlin 1957.

REKVELD, J., Relativität: Physikunterricht heute, Diesterweg Verlag Frankfurt 1967.

RESNICK, R., Einführung in die Spezielle Relativitätstheorie, Klett-Verlag Stuttgart 1976.

SCHILLING, F., Projektive und nichteuklidische Geometrie, Leipzig und Berlin 1931.

SEXL, R., Relativitätstheorie in der Kollegstufe, Beiträge zum naturwissenschaftlichen Unterricht Heft 26, Vieweg Verlag Braunschweig 1973.

STEINER, J., Vorlesungen über synthetische Geometrie, Bd. 1, Leipzig 1887 (3. Aufl.), Bd. 2, Leipzig 1898 (3. Aufl.).

SYNGE, J. L., Relativity: The special theory, 2. Aufl., Amsterdam 1958.

TAYLOR, E. F., und J. A. WHEELER, Space-time physics, San Franzisco 1966.

TREDER, H.-J., Relativität und Kosmos, Berlin, Oxford und Braunschweig 1968.

Wissenschaft und Fortschritt, Jahrgang 1965, Heft 11.

WILSON, E. B., und G. N. LEWIS, The space-time manifold of relativity. The non-euclidean geometry of mechanics and electromagnetism, Proc. Amer. Acad. Boston **48** (1913) 389–507.

Sachverzeichnis